道具としての微分方程式 偏微分編
式をつくり、解いて、「使える」ようになる

斎藤恭一　著

本書は2005年12月，小社より刊行した
『なっとくする偏微分方程式』を
新書化したものです。

装幀／芦澤泰偉・児崎雅淑
カバーイラスト／大高郁子
本文デザイン／齋藤ひさの
本文イラスト／武曽宏幸

まえがき

　講談社サイエンティフィクから2005年に刊行した『なっとくする偏微分方程式』をブルーバックス版にして、みなさんに提供できることになった。「偏微分方程式」は大学数学のなかで、多くの学生から最も嫌われる内容の一つである。当然、私も当初、自分には関係のない数学だと思っていた。しかし、「応用数学」という名の講義で、「長い棒の両端を温め始めてから、時間が経つにつれて、上がっていく棒の温度を、偏微分方程式を解いて、端からの距離を代入すれば計算できること」を知って驚嘆した。

　そこから「偏」微分方程式への「偏」見をやめた。コーヒーにミルクを溶かすときも、風呂に浸かって温まっているときも、風に煽られて歩いているときも、偏微分方程式は私に寄り添っているんだ！　偏微分方程式、スタンドバイミー（Stand by Me）。こうして私は「偏」微分方程式を「偏」愛する「偏」人になった。というわけで、**本書は、世界で最も、丁寧に、愛情をもって偏微分方程式を語っていると自負している。**

数学なる学問は抽象化，記号化を得意とする学問だと思う。コンパクトに，スマートにまとめていくのが数学の特徴なのに，この本はそれに逆行している。数学者から見ると，ばかばかしい内容である。私には数学者の友人はいないので非難の声は耳に入ってこない。だから，私は思い切って数学の本を書けるわけだ。

　大学で偏微分方程式を習う学生のほとんどは数学科へは進まない。将来，道具として偏微分方程式を使う可能性があるからそれを習うのだと思う。そうした将来のニーズをもっている学生に，ニーズをほとんど感じていない数学科の先生が教えるという教育システムはうまくいかないだろう。数学科の先生に「学生さんは神様です」というサービス精神がなければ普通の学生を満足させることなど到底できない。

　私は学生時代に「化学工学」という分野を勉強した。その後，大学の研究室で高分子吸着材の開発研究を35年も続けた。吸着材の設計やその性能の解釈に，偏微分方程式から学んだ「事象は時間や空間の関数で表される」という考えが役立った。

　この本は，頭の中に描ける具体的な事柄を，偏微分方程式を使って記述する点に特長がある。厳密すぎる記述にこだわっていない。あくまで偏微分方程式を使う立場から書いている。

　この本には"ブルーバックス"に兄がいる。兄は1994年に刊行された『道具としての微分方程式』である。兄弟なので

似ている部分がある。しかし、兄は「化学工学」に興味があり、現象に応じて、常微分方程式も偏微分方程式も登場させた。弟のこの本は偏微分方程式にこだわり、兄を補強する役にも立っている。

　さて、私にとって数学のおもしろさとは「イメージに描ける」ことです。とはいっても、イメージをまともなイラストにすることは私にはできないので、『理系英語の道は一日にして成らず』（アルク／2006年）という本のイラストを担当してくださったイラストレーターの武曽宏幸さんに、本書のイラストをお願いしました。武曽さんとは十分に打ち合わせをして、修正と加筆を繰り返した結果、みなさんが一生忘れないイラストに仕上がったと思います。武曽さん、ありがとうございました。グラフは、当時、研究室の大学院生であった辻さや香さん（現在、キリンホールディングス株式会社勤務）がていねいに作成してくださいました。

　私は、偏微分方程式の"数値計算"の世界に向かう手前で、材料の作製やその性能評価という実験中心の仕事に移りました。このままだと一生、偏微分方程式の表舞台からお別れだなあと思っていたところに、講談社サイエンティフィクの慶山篤さんが『なっとくする偏微分方程式』を書くチャンスを与えてくださいました。そして、新書化にあたり、慶山さんの友人の家田有美子さんが編集を引き継いでくださいました。みなさん、ありがとうございました。

斎藤　恭一

もくじ
道具としての微分方程式
偏微分編

まえがき 3

プロローグ **ちっとも変じゃない**偏微分方程式 11

第1章 準備に時間がかかる偏微分方程式 17

1-1 偏微分方程式をたてるモチベーション 17
天気予報に偏微分方程式が活躍している
現実世界を支配している"場"

1-2 偏微分方程式をつくる基本原理 23
おもしろくない偏微分方程式をつくる
私のお小遣いは月500円だった
洗面台での水収支

1-3 座標系,微小空間,そして微分 29
「座標は与えるものであって,与えられるものではない」
三者三様の微小体積の求め方
割り算の分母を縮めれば微分に行き着く

1-4 基本アイテムは"流束" 36
流束はたいへん便利な物理量
私たちの周りは流束だらけ
ベクトルとスカラーの区別

1-5 ドヤドヤ流束の表現術 44
3つのドヤドヤ流束を式にしよう
本当はベクトルにしないといけない

1-6 マヘモのジワジワ流束と勾配三人衆 46
マヘモのジワジワ流束も式にしよう
ジワジワ流束の中身
物理的直観からのジワジワ流束の定式化
やっぱりジワジワ流束もベクトルだ
比例定数の正体

第1章のまとめ 59

第2章 つくるのがおもしろい偏微分方程式 61

2-1 「○○な△△に,突然,□□」現象 61
マヘモがジワジワ移動する
「○○な△△に,突然,□□」って何なのか

2-2 単純化して本質を抽き出すモデリング 68
コンピュータ任せではつまらない

2-3 放物型偏微分方程式の誕生 70
ふたたび,「入りたまご消して出る」
マヘモの形がビシッとそろう

2-4 時間なら初期条件,空間なら境界条件,ただそれだけ 84
数学用語なんて怖くない
実際の状況から初期条件と境界条件を決める

2-5 無次元化とアナロジー 91
無次元化とは"基準値との比"で表すこと
"そうよ，マヘモは似ている"

2-6 キュウリとスイカを冷蔵庫で冷やす 99
キュウリは細長し，スイカは丸し
細長いキュウリの冷え方
丸いスイカの冷え方

第2章のまとめ 110

第3章 つくるのがたいへんな偏微分方程式 115

3-1 「消」がゼロでない収支式 115
より現実に近づきたい
中華料理屋で「入溜消出」

3-2 直角座標での収支の一般式 122
サイコロキャラメルの中の収支
式の見かけをスッキリさせる秘策 —— 内積とナブラ
ナブラの使い方教えます
熱と運動量の一般式はアナロジーからつくる
"楕円型偏微分方程式"の登場

3-3 円柱座標での収支の一般式 138
微小バウムクーヘンで「入溜消出」
ふたたび定常状態を表してみよう

3-4 双曲型偏微分方程式 146
放物線，楕円があれば双曲線もある
"逆"微分コンシャス

第3章のまとめ 152

第4章 ふしぎに解けていく偏微分方程式 — 155

4-1 偏微分方程式の解法の分類　155
紙とエンピツと忍耐

4-2 ラプラス変換表をつくる　158
役に立つ数学もある
ラプラス変換の定義
ラプラス・セブン

4-3 放物型偏微分方程式をラプラス変換法で解く　171
放物型偏微分方程式のおさらい
ラプラス変換／逆変換のはるかなる旅路
もう1つの境界条件にチャレンジ

4-4 常微分方程式をラプラス変換法で解く　185
定常→非定常→つぎの定常
いわゆる常微分方程式をつくる
ラプラス変換の再登場

第4章のまとめ　193

第5章 解をグラフで味わう偏微分方程式 — 197

5-1 プリンカラメルのしみ込み　197
高級プリンの味の秘訣
誤差関数をグラフにする
さて、拡散係数はいくつ？

5-2 キュウリとスイカの冷やし　206
もろキュウまだ？　急いでよ
酔って絡んでくるお客の頭を冷やす

5-3　中華鍋の把手でのジワジワ　216
把手の定常状態
偏微分 vs. 重積分

> **第5章のまとめ　230**

べんりな付録　233

付録1　本書で使用したギリシャ文字の一覧　233
付録2　微分と積分の公式　234
付録3　様々な座標でのナブラとラプラシアンの公式　235
付録4　三角関数と双曲線関数　236
付録5　ラプラス変換の基本　239
付録6　少し高度な関数のラプラス変換表　240
付録7　ラプラス逆変換表　243

参考書の紹介　244

あとがき　245

〔図解〕なっとくする偏微分方程式ワールド　248

さくいん　250

※本文中の商品名称等は，一般に該当する各社の登録商標または商標です。

プロローグ

ちっとも変じゃない
偏微分方程式

「偏見」,「偏食」など,「偏」の字がついていると,あまりよいイメージをもたないためか,「偏微分方程式」も「偏見」をもたれている。学生さんは偏微分方程式の中身を知らないのにはじめから敬遠している。食わず嫌いの「偏食」である。そういう私も学生の頃,偏微分方程式の名前を聞いただけで「なんじゃそれ？　難しそうだなあ」と思った。それなのに,今回は「偏微分方程式」ファンクラブの会員として,偏微分方程式のことをみなさんになっとくしていただく役回りを引き受けることになった。

　大学入試で私が選んだ学科は,応用化学科であった。当時,公害問題が世間で騒がれ,人気の一番ない学科だったので私は入れた。その応用化学科の2年生のとき,一般科目に「応用数学」という科目が必修科目として用意されていた。ちなみに「応用数学」を習う前の1年生のときの数学は「解析学」という名の講義で,そこでは「イプシロン-デルタ論法」を教わった。これがまったく習う意味がわからないためにつまらなかった。一方,「応用数学」の講義はそうではなかった。背が高くてがっちりした体格の数学科の先生が黒板に書き出して解いていったのは,棒の長さ方向の非定常熱伝導

を表す偏微分方程式であった。これが偏微分方程式との出会いだった。ついでに「初期条件」と「境界条件」という数学用語もこのときはじめて知った。

その日は体調がよかったせいか，その先生が淡々と展開していくプロセスをノートに写しながら，「こりゃすごい！」と思った。このときの講義の感動がいまにつながっている。まずは，数学は実用に役立つんだとわかったこと，それから，「棒がだんだん温かくなる」という"曖昧な"世界から，「棒の端から○○mの位置は○○時間後に○○℃だけ温かくなる」という"明確な"世界へジャンプできたこと，これに感動したのである。

もちろん，そんな私の感動にはおかまいなく先生は「変数分離法」という名のふしぎな解法で偏微分方程式を解いてみせた。講義の終了時間がきて，先生はあっさり教壇を降り，帰って行った。

「うちの学科に，すばらしい講義をする先生がいるよ」と自

プロローグ　ちっとも変じゃない偏微分方程式

慢げに私に教えてくれたのは、電気工学科のS君であった。S君とは浪人生時代に予備校で机を並べた仲であった。さっそく、その講義に潜り込んだ。講義に現れたのは高木純一というお名前の先生だった。高木先生は電磁気学の大家で、土曜日の午前中、電気工学科の学生に「電磁気学」を講義していた。

　講義は静かに始まった。小柄な老教授の高木先生は、大きな教室の大きな黒板の中央に、"場"という大きな文字を書いた。「今日はこれを教えます」と言って先生が語りだしたのは、場というものの何たるかだった。"この世の中で起きている現象を、舞台に載せて、観客として観る"という、場のイメージを私たちに教えてくれたのである。

　それまでは、場といえば、風呂場とか高田馬場くらいしか私は思い浮かばなかった。講義のおかげで、**私は場の中で起きている物理現象を外からのぞき込めるようになった。さらには、現象を包み入れる空間座標が時間軸の上で移動していくイメージをもつことができるようになった。**

　私の所属していた応用化学科では3年生になると、工業化学コースと化学工学コースという2つのコースに分かれるシス

空間座標が時間軸の
上で移動していく

テムになっていた。私は化学工学コースに進んだ。化学工学コースに進めば，石油精製コンビナートの装置の設計ができるとか，中東に出かけて海水を淡水化するプラントの建設に参加できるとかという，たいへんいい加減な考えをもとに進路を決めていたのである。

ところがどっこい，化学工学はそんな簡単な学問ではなかった。化学工学の基礎にあたる「移動速度論」と「反応工学」という２つの科目には，どちらも微分方程式がたくさん出てくる。はじめのうちは常微分方程式（微分方程式のうち，変数が１つだけのもの）が中心だったけれども，やがて偏微分方程式（変数が２つも３つもあるもの）が登場してきた。

石油を沸点の差で分離してガソリンや軽油をつくる装置などは，規模が大きくなるにつれ，液体の濃度も温度も流速も装置の中で複雑に分布するようになる。その分布のふるまいを解明しないと，安全に運転できる装置をつくることなどできないのである。この濃度，温度，そして流速といったさまざまな物理量が分布した空間（ここでは，装置の内部）こそ，場なのである。こうした**物理量が分布している場を解析するための式が偏微分方程式である**と私は気づかされたのである。

このように私は，体調がよいときに聴いた講義で偏微分方程式と出会い，友達からの評判を聞いて潜り込んだ講義で場を習い，安易に選択した化学工学コースの講義で場を解析するための偏微分方程式を知ったのである。

さて，読者のみなさんは，数学の試験に通るためにこの本を読んでいるのかもしれないし，興味のままにこの本を読ん

でいるのかもしれない。私はそんなみなさんに，私たちの身の回りの現象を数値で議論するときに——むずかしい言葉で言うなら，定量的議論をするときに——偏微分方程式が役立つということを，ぜひともなっとくしていただきたいと思っている。**数学科の先生の書く本が「偏微分方程式に関する定理を厳密に証明すること」を中心としているのに対抗して，私は「偏微分方程式をつくることと，それを解いた結果を味わうこと」に力を入れてこの本を書いた。**

第 1 章

準備に時間がかかる
偏微分方程式

1-1 偏微分方程式をたてるモチベーション

🔰 天気予報に偏微分方程式が活躍している

　テレビの天気予報を見ていると，東京，千葉，神奈川など各地方の降水確率，気温，そして風速，それぞれの数値が画面に登場する。いったい，だれがこれらの数値を決めているのだろう？　気象庁に勤めている予報官が，これまでに溜め込んだ経験と研ぎすまされた勘に基づいて，鉛筆をなめながら地図をにらみ，懸命に数値を書き込んでいるとは思えない。

　そういえば，気象庁にはスーパーコンピュータが備え付けられていると聞いたことがある。世界最速の計算能力をもつクレイ（Cray）社のスーパーコンピュータを「買って"くれい"」とアメリカに迫られたのだろう。そのスーパーコンピ

図 1.1　スーパーコンピュータで天気図を描く

ュータを使って偏微分方程式を解いて，明日の天気図を描いているにちがいない（図 1.1）。

　水蒸気の濃度が湿度，大気の温度が気温，そして気流の速度が風速である。地図上の位置は，高度，緯度，そして経度で"ばっちり"と（数学では"一義的に"と呼ぶ）決まる。空間内の位置を指し示す方法として球座標を選べば，(r, θ, ϕ) という 3 つの値の組み合わせによって地球上の位置を規定できる。緯度，経度がそれぞれ図 1.2 中の θ, ϕ に対応する。

　空間座標の中では，湿度，気温，そして風速が刻々と変わっていく。まさに時間と空間，すなわち「時空(じくう)」を舞台として，水蒸気がもつ**質量**（mass）が移動し，温度の移り変わりを通じて**熱量**（heat）が移動し，そして水蒸気の流れの速度（に質量を掛けたもの）として**運動量**（momentum）が移動しているのである。この複合現象が天気である。質量，熱量，運動量，これら 3 つの移動する物理量を，それぞれの頭文字を 2 つずつとって，この本では**マヘモ**（mahemo）と呼ぶこと

第 1 章　準備に時間がかかる偏微分方程式

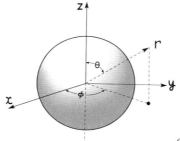

θ が緯度，ϕ が経度

図 1.2　球座標で緯度と経度を示す

にする。

　湿度や気温や風速を，地図上の位置と未来の時刻とを変数にもつ関数として決定しているのが，天気予報というわけだ。天気予報は一大事業である。視聴率が高い。なのに，天気予報が外れても，その理由が説明されないままつぎの日の天気予報に話題が移ってしまうのはふしぎだ。

🔆 現実世界を支配している"場"

　プロローグの話にあったように，物理量が分布している空間のことを，**場**と呼んでいる。大げさに言うと，私たちの身の回りで，注目している成分の濃度（concentration），温度（temperature），そして速度（velocity）が場をつくっていると言ってよい。

　例えば，アパートに独り住まいの学生さんの，寒い冬のある夜の生活を考えよう（図1.3）。台所では，カップ麺に注ぐお湯を沸かしていてやかんから湯気が立っている。居間で

図 1.3　部屋の中でのマヘモ
やかんからの湯気，ハロゲンヒーター，窓からの隙間風が，室内の湿度の分布（マ：質量），室温の分布（ヘ：熱量），風速の分布（モ：運動量）をつくっている

は，ハロゲンヒーターが首を振っている。この部屋の窓は建て付けがわるく，隙間から風が吹きこんでいる。大家さんには苦情は言っていない。マヘモが移動する場がそこにはある。その結果，学生さんは，湿度の分布，室温の分布，さらに風速の分布をもつ部屋で独り暮らしをしているのである。

　私が勤めていた大学の実験室の片隅には，高温反応用の水槽があって，水が張ってあった（図 1.4）。水温を 80℃ に設定するとそれなりに水面から湯気が立つ。実験で使う薬品からニオイが出ることがあるので，実験室の片隅にはドラフト（draft）が配備されている。ドラフトといっても，プロ野球ドラフト会議でも，ドラフトビールでもない。実験室の空気を吸い上げて，外へ排出してくれる装置である。ニオイを流れに乗せて外へ持ち出すだけでなく，室内の熱も流れに乗せて外へ持ち出すので，冬になると暖房効果を減らしてしまう

第1章 準備に時間がかかる偏微分方程式

図1.4 実験室でのマヘモ
水槽からの湯気や薬品のニオイがドラフトに吸い上げられて外に排出。ニオイの分布（マ：質量），室温の分布（ヘ：熱量），風速の分布（モ：運動量）が存在する

という代物である。この実験室にもマヘモが移動する場があった。その結果，私たちは，ニオイの分布，室温の分布，さらに風速の分布をもつ実験室で日夜，実験を続けていたのである。

そんな部屋で実験をしたために，こんどは風邪をひいてしまい，布団をかぶって寝こんでいる自分の体のことを考えよう（図1.5）。熱があるので額の上には氷のうが吊り下げられ，寒気がするので足元には湯たんぽが入れてある。手厚い看護である。

体の中では，血流に乗って栄養分が体中に運ばれ，いろいろな部位の細胞の中でいろいろな反応が酵素に助けられて起きている。こうした反応の一部が体温の維持に役立っている。額は冷やされ，足元は温められ，体の表面から内部まで，また頭のてっぺんから足の先までにわたって温度の分布がある。このように私たちの体の中にもマヘモが移動する場があ

21

図1.5　風邪をひいたときの体内でのマヘモ
氷のうで頭を冷やし，湯たんぽで足元を温める。体内には，血流に伴う栄養分の分布（マ：質量），体温の分布（ヘ：熱量），血流の速度の分布（モ：運動量）がある

った。その結果，私たちは，栄養分の分布，体温の分布，さらに血流の速度の分布を抱えて生きている。

　考えている範囲が何百kmにもおよぶ天気予報から2mにおよばない私たちの体にいたるまで，マヘモの移動する場があり，そこには，濃度，温度，そして速度の分布がある。この分布を表現できる式，それが偏微分方程式である。その偏微分方程式を解くことによって分布が数字で表され，そこから平均値も出るし，境界での値も出る。出た結果をどうするのか？　場で起きている現象を理解できたと言って満足する人もいるだろう。また，その場をコントロールして世の中の役に立たせてみようと考える人もいるだろう。偏微分方程式の解の利用法はいろいろとある。

1-2 偏微分方程式をつくる基本原理

 おもしろくない偏微分方程式をつくる

　場面のイメージを描けない，すなわち，絵にならない偏微分方程式なら，いくらでも書き出すことができる。偏微分の記号には「∂」("ラウンド"と読む）を使うと昔から決まっているので，空間座標(x, y, z)または時間tから変数を2つ以上選んで∂をつけ，これを分母とする。つぎはxでもyでもzでもtでもない記号を1つ選んで∂をつけ，これを分子とする。こうしてつくった$\dfrac{\partial f}{\partial x}$や$\dfrac{\partial g}{\partial t}$といった分数式が，偏微分方程式の部品である。そして分数式をいくつか書いてみて，それらを足したり引いたりして等号を入れて結べば偏微分方程式ができ上がる。やってみると，

$$\frac{\partial f}{\partial x} + \frac{\partial f}{\partial t} = \frac{\partial f}{\partial y} \tag{1.1}$$

だとか，

$$\frac{\partial g}{\partial y} = 2\frac{\partial g}{\partial z} - 9\frac{\partial g}{\partial x} \tag{1.2}$$

のようなものができる。ちなみに，分子の文字を複数もってきて混ぜ合わせれば，連立偏微分方程式がつくれる。例えばつぎのような式。

$$\begin{cases} \dfrac{\partial f}{\partial x} + \dfrac{\partial g}{\partial t} = 3 \\ \dfrac{\partial g}{\partial x} - \dfrac{\partial f}{\partial t} = \dfrac{\partial f}{\partial x} \end{cases} \tag{1.3}$$

　このくらいにしておこう。偏微分方程式をいい加減につく

図 1.6　絵が思い浮かぶ偏微分方程式こそおもしろい！

るのも結構たいへんだ。こんな「偏微分方程式づくり遊び」はつまらない。解く気も解ける気もしない。偏微分方程式を見たとたん，頭の中に場面の生き生きとした絵が浮かぶ方がずっと楽しい（図 1.6）。そうなるには，さまざまな場面に対応する偏微分方程式を自分でつくってみて，偏微分方程式の各項の物理的意味（physical meaning）を理解していくことが大切である。

私のお小遣いは月 500 円だった

　偏微分方程式をなっとくするのに重要なのはバランス（balance）感覚である。私はバランスのとれた人間だと自分では思っているのに，周囲からはそう思われていないかもしれないと心配している。みなさんはどうだろう。バランスのとれた食事をする方が健康によい。貿易でも輸出額と輸入額のバランスがとれている方が両国間はうまくいく。バランスとは日本語で"収支"である。この「物理量の収支」を考えることによって，いろいろな偏微分方程式をつくることができる。

　お小遣いのことを考えると収支を簡単に理解できる。私が小学生の頃，月額 500 円のお小遣いは大金だった。はがきに貼る切手が 5 円の時代だった。500 円のうち，100 円は貯金

第 1 章　準備に時間がかかる偏微分方程式

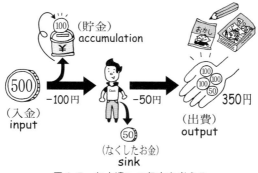

図 1.7　お小遣いの収支を考える

した。遊んでいるうちにズボンのポケットから 50 円玉を落としてなくしてしまった。こうして私が文房具（おもに，香りのついたコーリン鉛筆）に，マンガ（おもに，『少年マガジン』）に，そしてお菓子（おもに，麩菓子）に使えるお金は 350 円となった（図 1.7）。この話を式にすれば，つぎのようになる。

$$500 \text{ 円} - 100 \text{ 円} - 50 \text{ 円} = 350 \text{ 円} \tag{1.4}$$

　偏微分方程式ではないけれども，りっぱな収支式である。いまとなっては，ちょっと金額が少なすぎてピンとこない。2 桁上げて考えよう。5 万円を仕送りしてもらっている大学生。1 万円は予想外の出費に備えて貯金する。ポケットに入れておいた 5000 円札をどこかで落としてなくしてしまい，残り 3 万 5000 円を生活費に回した。この情けない話を式にすれば，

$$5\,万円 - 1\,万円 - 5000\,円 = 3\,万 5000\,円 \tag{1.5}$$

である。さきほどの式 (1.4) の各項が 100 倍になっているだけだ。

これらの式を日本語で表すと，

$$(入金) - (貯金) - (なくしたお金) = (出費) \tag{1.6}$$

であり，この式を英訳すると，次式となる。

$$(\text{input}) - (\text{accumulation}) - (\text{sink}) = (\text{output}) \tag{1.7}$$

洗面台での水収支

式 (1.7) 中の sink は英語で「沈む」という意味の動詞である。名詞の sink として，家庭にあるシンクを考えてみよう。シンクというのは，水が底の口に沈んでいく装置，すなわち台所なら流し，洗面所なら洗面台のことである。水が音を立てて沈んでいくのでこの名があるのだ。底の口には栓をつけることができて水を溜めることができる。

このシンクでの水の収支を実況中継してみよう。蛇口から流入する水量を入，溜まって増えていく（逆に，溜まっていた分が減っていく）水量を溜，底に吸い込まれて消える水

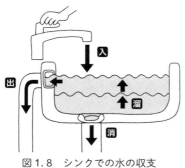

図 1.8 シンクでの水の収支

量を**消**,そして,シンク上部の脇に開いた穴から溢れて流出する水量を**出**と名付ける(図1.8)。

まず,シンクの底に栓をせずに蛇口をひねって水を出し始めた。水量が少ないため,水は溜まらず底へそのまま吸い込まれていった。ここまでが 場面1 。文字の収支式で表すと,

$$\boxed{場面1}:\text{入}-\text{ゼロ}-\text{消}=\text{ゼロ} \tag{1.8}$$

栓をしたら,だんだん水が溜まっていった。水面がシンクの脇に開いた穴に向かって上昇してきた。ここまで 場面2 。

$$\boxed{場面2}:\text{入}-\text{溜}-\text{ゼロ}=\text{ゼロ} \tag{1.9}$$

とうとう水面が穴まで達して穴の向こうへ水が溢れ落ちていった。水面は穴のところで安定し,溜まりも減りもしなくなった。ここまで 場面3 。

$$\boxed{場面3}:\text{入}-\text{ゼロ}-\text{ゼロ}=\text{出} \tag{1.10}$$

水が床に溢れ出さなくて助かった。水を流し続けるのはもったいないので,蛇口の水を止めた。しばらくして穴から水が溢れなくなった。ここが 場面4 。

$$\boxed{場面4}:\text{ゼロ}-\text{ゼロ}-\text{ゼロ}=\text{ゼロ} \tag{1.11}$$

ここで底の栓を抜いた。すると,水面がだんだんと下がっていった。ここまで 場面5 。

$$\boxed{場面5}:\text{ゼロ}-\text{溜}-\text{消}=\text{ゼロ} \tag{1.12}$$

そして,「ズルズル」と豪快な音を残して水が消え去った。こ

こが 場面6 。

$$\boxed{場面6}:ゼロ-ゼロ-ゼロ = ゼロ \tag{1.13}$$

これら 場面1 から 場面6 までの式はすべて，

$$\boxed{入}-\boxed{溜}-\boxed{消} = \boxed{出} \tag{1.14}$$

という構造になっていることがわかる．こうして，シンクのいろいろな場面を「入溜消出」を使って表現することができた．式（1.14）が偏微分方程式をつくり出す基本となる収支式なのである．

文字式の左辺の第2項 溜 の項がゼロの場合，言い換えると，時計を片手に場面を見ていて，時間が経っても場面の状況が変化しないことを**定常**（steady）状態と呼んでいる．場面1 ， 場面3 ， 場面4 そして 場面6 が定常状態にあたる．シンクに水がないことも含めて，水面の高さが時間に依らずに変わらないときは定常状態である．逆に，時々刻々と水面の高さが変化していくことを**非定常**（unsteady）状態と呼んでいる．溜 の項がゼロでないときだから， 場面2 と 場面5 が非定常状態である． 場面2 では水が増えていく途中， 場面5 では水が減っていく途中である．非定常状態を遷移（transient）状態と呼ぶこともある．

このように，気体中でも液体中（あわせて流体中）でも固体中でも，注目する成分の質量，エネルギー，そして運動量の収支をとるのが，この本での偏微分方程式つくりの基本である．

「入溜消出」．いつでもどこでも，この「入溜消出」を思い出

第1章 準備に時間がかかる偏微分方程式

図1.9 偏微分方程式の基本「入溜消出」を覚えるべし！

してほしい．ちなみにこの「入溜消出」の読み方であるが，これは**「入りたまご消して出る」**と読んでいただきたい．"溜める"が"たまご"になまっているが，理屈抜きで覚えてほしい．覚えにくい人は，ガスレンジを使って「炒った卵」を，レンジの火を「消して」卵を取り「出」す．このイメージで覚えるとよい（図1.9）．「入溜消出」を何卒よろしく．

1-3 座標系，微小空間，そして微分

 「座標は与えるものであって，与えられるものではない」

「入溜消出」をみなさんは覚えた．言い換えれば，物理量の収支をとれるようになった．では，どこで収支をとれば偏微分方程式をつくれるのだろう？ マヘモの移動現象は時空で起きる．なにはともあれ，まず，その場面に座標を持ち込むことだ．空間座標系（spatial coordinate system）には，**直角座標**（rectangular coordinates），**円柱座標**（cylindrical coor-

29

図 1.10 3つの空間座標系

図 1.11 飴と肉, どの座標で考えればよいか？

dinates),そして**球座標**(spherical coordinates)のどれかを選ぶ(図 1.10)。時間座標は 1 つしかない。

飴(あめ)には,サイコロキャラメル,千歳飴,飴玉とある。肉には,サイコロステーキ,ソーセージ,肉団子とある。これらの肉を冷凍庫に入れて冷凍することにしよう(図 1.11)。どの肉も常温から冷凍温度まで冷やされてコチコチになるまでには時間がかかる。肉の内部の温度分布の時間変化を求めるため,現象を解析するには,まず,座標を設定する。

サイコロステーキは四角いから,直角座標が都合がよい。だがソーセージや肉団子に直角座標を当てはめようとすると,丸みのある境界面を直角座標の数値を使って表すのは面倒だ。ソーセージなら円柱座標がよい。ソーセージの中心軸に円柱座標の z 軸をとれば,ソーセージの円周は $r=R$ (ソーセージの半径)と表示できる。また,肉団子なら球座標が向いている。肉団子の中心に球座標の中心をとれば,肉団子の外面は $r=R$(肉団子の半径)と表示できる。

このように,座標の種類は,現象の起きる場の形に合わせて選ぶのがよい。座標は与えるものであって,与えられるものではないのだ。ここで思い出した。映画『ある愛の詩(*Love Story*)』の一節。「愛は与えるものであって,与えられるものではない」(図 1.12)。

図 1.12 「座標は与えるものであって,与えられるものではない」

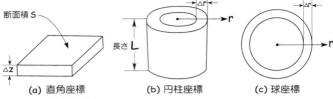

図 1.13 微小体積
座標のある位置とそこから少しだけ離れた位置とで挟んだ微小空間の体積を計算する

三者三様の微小体積の求め方

座標のある位置とそこから少しだけ離れた位置とで挟んだ微小空間をつくる。空間につくった微小空間の体積を計算しておこう（図1.13）。まず直角座標なら，z と $z+\Delta z$ との間に挟まれた微小空間は平板状（薄い直方体）になる。その体積は，断面積を S として，

$$S(z+\Delta z)-Sz = S\Delta z \tag{1.15}$$

である。つぎに，円柱座標なら，r と $r+\Delta r$ との間に挟まれた微小空間は，肉厚の薄い中空円筒になる。その体積は，円柱の長さを L として，

$$\begin{aligned}\pi(r+\Delta r)^2 L - \pi r^2 L &= \pi[r^2+2r\Delta r+(\Delta r)^2-r^2]L \\ &= 2\pi r\Delta r L + \pi(\Delta r)^2 L\end{aligned} \tag{1.16}$$

である。さらに球座標なら，r と $r+\Delta r$ との間に挟まれた微小空間は薄い球殻状になり，その体積は，

$$\frac{4}{3}\pi(r+\Delta r)^3 - \frac{4}{3}\pi r^3$$
$$= \frac{4}{3}\pi[r^3 + 3r^2\Delta r + 3r(\Delta r)^2 + (\Delta r)^3 - r^3]$$
$$= 4\pi r^2\Delta r + 4\pi r(\Delta r)^2 + \frac{4}{3}\pi(\Delta r)^3 \qquad (1.17)$$

である。ここで，Δr が微小であれば，それを 2 乗した $(\Delta r)^2$ や，さらには 3 乗した $(\Delta r)^3$ の入っている項は，Δr の入っている項に比べるとずいぶんと小さくなるので，無視した方がよい。例えば $\Delta r = 0.01$ なら，$(\Delta r)^2 = 0.0001$ になり，$(\Delta r)^3 = 0.000001$ になるからである。

以上のことから，直角座標，円柱座標，球座標における微小体積は，それぞれ，

$$\begin{cases} 直角座標では：S\Delta z \\ 円柱座標では：2\pi r\Delta r L \\ 球座標では：4\pi r^2\Delta r \end{cases} \qquad (1.18)$$

となる。これらはいずれも，それぞれ微小体積の内側の面積に微小空間の厚み Δz や Δr を掛けた値である。内側の面積に厚みを掛けて求めるというこの簡便な微小体積の算出法は，この先たくさん登場するのでよく覚えておいていただきたい。

現象が起きる場としての空間に座標を持ち込んで，そこに微小空間をつくると，必ず両隣の微小空間との境目に境界面が生まれる。この境界面はマヘモの出入りを検査できる面であるので，検査面と呼ぶこともある。「入溜消出」のうち，「入」と「出」は境界面を通り過ぎることによって起こり，

「溜」は微小空間の内部で起こり,「消」は微小空間内または境界面上で起こる。

🐚 割り算の分母を縮めれば微分に行き着く

「微分」という言葉からも想像できるとおり,微（かす）かに分けた空間から生まれる境界面の両側で物理量の収支式をつくることになる。例えば,直角座標 (x, y, z) を選んだとして,境界面 x とちょっとだけ離れた境界面 $x+\Delta x$ での関数 $f(t, x, y, z)$ の差を距離 Δx で割る。このときに他の3つの変数 t, y, z はそのままにして変化させない。

$$\frac{\Delta f}{\Delta x} = \frac{f(t, x+\Delta x, y, z) - f(t, x, y, z)}{\Delta x} \qquad (1.19)$$

この Δx を限りなく小さくすると,x についての偏微分となる。

$$\frac{\partial f}{\partial x} = \lim_{\Delta x \to 0} \frac{f(t, x+\Delta x, y, z) - f(t, x, y, z)}{\Delta x} \qquad (1.20)$$

分母の ∂x の「∂」（ラウンド）は,x 以外には目もくれませんよというマークである。x に"ぞっこん"ですというマークだ。ぞっこん,言い換えると,"思いが偏っている"ので偏微分というわけだ。数学ではこのことを「他の変数を定数とみなして x で微分する」などと言う。なお,"偏"は"partial"の和訳である。

高校でも習うように,微分というとアルファベットのdを使って $\frac{df}{dx}$ のように書くのがふつうだ。しかし,dは変数が

1個（常微分という）の場合に使う約束になっている。変数が複数になったときのdには数学上は特別な意味があって，「全微分」と呼ばれている。でも，ややこしい割には使い道が少ない。この本では徹底的に偏微分の∂を使い，dを使わない方針である。

同様に，t, x, z をそのままにして，y にぞっこんになると，

$$\frac{\Delta f}{\Delta y} = \frac{f(t, x, y+\Delta y, z) - f(t, x, y, z)}{\Delta y} \tag{1.21}$$

この Δy を限りなく小さくすると，y についての偏微分となる。

$$\frac{\partial f}{\partial y} = \lim_{\Delta y \to 0} \frac{f(t, x, y+\Delta y, z) - f(t, x, y, z)}{\Delta y} \tag{1.22}$$

しつこく同様に，t, x, y をそのままにして，z にぞっこんになると，

$$\frac{\Delta f}{\Delta z} = \frac{f(t, x, y, z+\Delta z) - f(t, x, y, z)}{\Delta z} \tag{1.23}$$

この Δz を限りなく小さくすると，z についての偏微分となる。

$$\frac{\partial f}{\partial z} = \lim_{\Delta z \to 0} \frac{f(t, x, y, z+\Delta z) - f(t, x, y, z)}{\Delta z} \tag{1.24}$$

さらに，調子にのって，空間座標をみんな固定しておいて，時間軸に微小時間をとって，

$$\frac{\partial f}{\partial t} = \lim_{\Delta t \to 0} \frac{f(t+\Delta t, x, y, z) - f(t, x, y, z)}{\Delta t} \tag{1.25}$$

時間についての偏微分というわけだ。

これで，偏微分方程式の核になる，$\frac{\partial f}{\partial x}, \frac{\partial f}{\partial y}, \frac{\partial f}{\partial z}, \frac{\partial f}{\partial t}$ という記号が出そろった。ここで登場した関数 f の正体はあとでわかるので楽しみにしてもらいたい。

1-4 基本アイテムは"流束"

🐚 流束はたいへん便利な物理量

偏微分方程式をつくるには，まだ準備が要る。マヘモ移動量が境界面を通過して外から微小体積へ入ってくる分，微小体積内で溜まったり，消えたりする分，同時に境界面から外へ出ていく分もある。時間を無制限にしてマヘモの移動を考えていては，まとまる収支もまとまらない。そこで，単位時間あたり，例えば，1秒，1分，1時間あたりのマヘモ移動量の収支をとることにする。

そこで，境界面の単位面積を単位時間に通過する量を**流束**（flux）と定義する。図 1.14 に示すように，物理量の"束"を考えるのである。だれが名付けたのか知らないけれども，イ

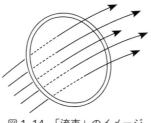

境界面の単位面積を
単位時間に通過する
量が流束

図 1.14 「流束」のイメージ

メージのつかみやすいよい名前である。この本でこの先，最も重要な量である。流束の定義式はつぎのようになる。

$$流束 = \frac{(移動する物理量)}{[(面積)(時間)]} \tag{1.26}$$

移動する物理量としては，この本ではマヘモを中心に考えていく。マは mass だから質量，ヘは heat だから熱量，モは momentum だから運動量（質量×速度）なので，流束の式の分子の単位は，順に［kg］，［J］，［kg m/s］となる。

> **質量流束**（mass flux）の単位：kg/(m² s)
> **熱流束**（heat flux）の単位：　J/(m² s) 　　　(1.27)
> **運動量流束**（momentum flux）の単位：
> 　　　　　　　　　　　　　(kg m/s)/(m² s)

ここで，J は joule（ジュール）という熱量の単位だ。それから運動量流束の単位の並びを入れ替えると，(kg m/s²)/m² となる。これは分子が力で，分母が面積だから，圧力の単位にほかならない。境界面での圧力が運動量流束とも呼べるのである。「運動量流束」と言うとむずかしく聞こえるけれども，実は聞き慣れた圧力だったわけだ。

流束の単位がわかったところで，こんどはその中身だ。実は，流束には"ドヤドヤの流束"と"ジワジワの流束"の2種類が存在する。どういうことなのか，私の体験を交えて説明させていただきたい。

私たちの周りは流束だらけ

　私は以前，朝の通勤時，東急東横線の中目黒駅で東京メトロの日比谷線に乗り換えていた。そこからつぎの乗換駅である茅場町駅に向かう。中目黒駅で降りて，中目黒駅発の日比谷線に乗るためにホームに並ぶ。足元に白いペンキで「先発」と書かれた地点を先頭にして横に4列，縦にホームの幅が許すかぎりずらりと並ぶ。あっという間に小集団ができあがる。ある日，私は前から5列目だった。座席確保は諦めるポジションだ（図1.15）。

「当駅発」の日比谷線の電車が小集団をじらすようにゆっくりとホームに滑り込んできた。電車はもちろん空っぽだ。電車が止まるやいなや，小集団の縦列がつまり，臨戦態勢になる。「先発」の文字の前でドアが開いた。すぐさま，前方1〜3列目ぐらいの人がなだれ込み，両側の座席に散らばりながら，"ドヤドヤ"と入っていく。私も後続の人たちの流れに

図1.15　通勤時間の中目黒駅

第 1 章　準備に時間がかかる偏微分方程式

図 1.16　電車に乗り込む"ドヤドヤ"と"ジワジワ"の集団の流れ

押されて電車にまっすぐ入った。間もなく，後ろでドアが閉まった音がした。ラッシュアワーは戦いだ。電車が恵比寿駅に向かって動き出してから私は周囲を見渡し，すいている空間を見つけて，"ジワジワ"と移動した。

　このように人の多い少ないにおかまいなく集団の流れに乗ってドヤドヤと人が移動するときと，集団の流れが止まった後にジワジワと人の少ないところへ移動するときとがある（図 1.16）。電車内に検査面をとったなら，人数の流束はつぎのように表される。

$$\begin{aligned}&電車内の人数流束\\&\quad =（ドヤドヤの流束）+（ジワジワの流束）\end{aligned} \quad (1.28)$$

　小集団の前方の人は流れに乗りながらも空いた座席を見つけて散らばっていくので，ドヤドヤもジワジワも体現している。もちろん一方が優勢で，他方が無視できるほど小さいときもある。

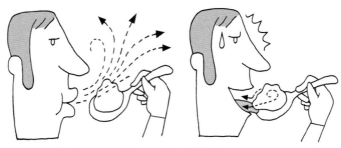

図 1.17　熱いあんかけを食べるときの熱流束
フウフウと息を吹きかけてあんかけの熱が逃げ（ドヤドヤ流束），
「あっちっち」と舌に熱が伝わる（ジワジワ流束）

　私の勤めていた千葉大学のそばに，「ぎやまん亭」という名のおいしい中華料理屋さんがある。昼ごはんを食べに週に何度も通った。好きなメニューは鶏から揚げ定食と五目中華丼である。中華丼には野菜がたっぷり入ったあんかけがごはんにかかっている。あるとき，おなかがペコペコだったので，ごはんとあんかけを大きなスプーンですくって口に放り込んだ。あんかけが舌に載った。「あっちっち」という声も出せずに涙が出た。粘っこい流体であるあんかけはざらざらの舌にしっかりと載っかって，その熱を舌へ伝えた。ジワジワと熱が舌に伝わった。冷水を飲んで舌を急冷した。こうして一度，舌をやけどしてからは，あんかけをスプーンに載せた後，口を尖らせて息を「フウフウ」と吹き付けてから口にするようになった。あんかけの熱をフウフウの息に載せて店内の大気へ逃がして粘っこい流体の温度を下げているわけである。このフウフウの息に運ばれて逃げていく熱流束が，ドヤドヤの流束とみなせるのだ（図 1.17）。

第 1 章　準備に時間がかかる偏微分方程式

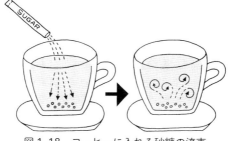

図 1.18　コーヒーに入れる砂糖の流束

あんかけの表面に検査面をとったなら，熱流束はつぎのように表される。

あんかけ表面の熱流束
 = （フウフウの流束）+（あっちっちの流束）
 = （ドヤドヤの流束）+（ジワジワの流束）　　　(1.29)

木枯らしが吹きすさぶ冬の日に，出先で会合が終わって街中を歩いているとコーヒーを飲んで休みたくなる。「ドトール（DOUTOR）」の看板を見つけ，席が空いていることを確かめてから店に入る。「ブレンドください」。すると，縞模様のシャツを着た店員さんが手際よくソーサーとカップを用意しながらレジを打った。私はスティックシュガーを取って席に座った。「ああ寒かった」と独り言を言いながらコーヒーの香りをかいだ。袋の端を破ってそこから砂糖をコーヒーの液面に斜めに投入した（図 1.18）。

砂糖は溶けきらずに底に達したはずだ。さきほどの会合の資料を鞄から出して，それを読みながら横目でカップを手に

取りコーヒーをすすった。飲み進めるとカップの深さ方向の甘さの分布を体感できる。カップの底近くは砂糖"過飽和"コーヒー溶液になっている。この飲み方が"コーヒー通"の飲み方と学生時代にある先生に教わった。人知れず,"通"の優越感を味わう。

　砂糖は許された時間の中でカップの底でジワジワと溶け出していたのである。スプーンを使ってカップ内をドヤドヤとかき混ぜていたら,あっという間に砂糖は溶けきっていたはずだ。少しの間,スプーンでかき混ぜたとしてカップの底近くに検査面をとったなら,砂糖の流束はつぎのように表される。

　　　カップ内の砂糖流束
　　　　=(ドヤドヤの流束)+(ジワジワの流束)　　　(1.30)

　私の個人生活を紹介しながら,"ドヤドヤ流束"と"ジワジワ流束"という2種類からなる流束の構成をみなさんに説明した。**"ドヤドヤ流束"とは,物質自体の流れに乗って輸送される物理量のことである。"ジワジワ流束"とは,物質が止まっていても勝手にジワジワと伝わっていく物理量なのである。**そこで,マヘモ(順に,質量,熱量,運動量)の移動現象にドヤドヤとジワジワの考え方を適用してみよう。ドヤドヤ流束とジワジワ流束を足すと全流束なので,

　　　全流束 =(ドヤドヤ流束)+(ジワジワ流束)　　　(1.31)

であり,英訳すると,

　　　total flux =(convective flux)+(diffusive flux)　(1.32)

となる。convective は convection（対流）から来ていて，diffusive は diffusion（拡散）から来ている。というわけで，ドヤドヤ流束とジワジワ流束の正式名はそれぞれ**対流流束**，**拡散流束**である。

 ベクトルとスカラーの区別

マヘモの移動量が場で動き回り，その結果として場に，濃度 C，温度 T，そして速度 v の分布が生まれる。これらの3つの量のうち，はじめの2つ，C と T はスカラー（scalar）量であり，最後の v はベクトル（vector）量である。C と T は大きさをもっていても方向をもたないので，1つの値によって表現することができる。一方，速度 v は大きさだけでなく方向ももっている。弱い東南東の風とか，下から吹き上げる強風とか，いろいろな風が吹く。したがって，速度は直角座標では (v_x, v_y, v_z) という3つのスカラー量を持ち寄って表すことになる。速度の大きさだけを指す場合には"速さ"と呼ぶこともある。

なお，この本ではこれから，ベクトル量を表す記号は太字で表すことにする。例えば，速度 $\boldsymbol{v}$ は，

$$\begin{aligned}\boldsymbol{v} &= (v_x, v_y, v_z) \\ &= \boldsymbol{i}v_x + \boldsymbol{j}v_y + \boldsymbol{k}v_z\end{aligned} \tag{1.33}$$

である。ここで，$\boldsymbol{i}, \boldsymbol{j}, \boldsymbol{k}$ は，直角座標 (x, y, z) の各々の軸の正の向きに単位長さ（長さ1）をもつベクトルであり，単位ベクトル（unit vector）と呼ばれている。

1-5 ドヤドヤ流束の表現術

3つのドヤドヤ流束を式にしよう

マヘモのドヤドヤ流束の定式化である。まずは，マ（<u>m</u>ass，質量）のドヤドヤ流束を式にしよう。ドヤドヤ流束は，濃度Cが，流れ，例えばz方向の流れ（速さがv_z）に乗って輸送されることによって生まれる。"乗って"は，加減乗除の"乗"だから掛け算だ。そもそも濃度Cの単位は$[\mathrm{kg/m^3}]$，速さv_zでは$[\mathrm{m/s}]$で，単位が異なるのだから足し算はできない。掛け算である。

$$Cv_z \quad [\mathrm{kg/m^3}] \, [\mathrm{m/s}] \tag{1.34}$$

単位は$[\mathrm{kg/(m^2\,s)}]$となり，式 (1.27) に示した質量流束の単位にぴったり合っている。

つぎに，ヘ（<u>h</u>eat，熱）のドヤドヤ流束。マのまねをして，温度Tとz方向の速さv_zを掛けてみる。温度が流れに乗って輸送されるからだ。

$$Tv_z \quad [℃] \, [\mathrm{m/s}] \tag{1.35}$$

このままでは単位は$[℃\,\mathrm{m/s}]$で，式 (1.27) の熱流束の単位$[\mathrm{J/(m^2\,s)}]$には程遠い。分子に$[℃]$の代わりに$[\mathrm{J}]$をもってくるには，比熱C_p $[\mathrm{J/(kg\,℃)}]$という定数を掛けるとうまくいく。このC_pのCの字は熱容量（heat <u>c</u>apacity）という用語からとったもので，濃度のCとは一切関係ない。下付き添え字（subscript）のpはpressureの頭文字をとった。C_pは**定圧比熱**といって，一定圧力（例えば，大気圧1 atm）の

もとでの比熱を表す。

$$Tv_zC_p \quad [(\text{J m})/(\text{kg s})] \tag{1.36}$$

少しは熱流束の単位に近づいた。もう一息。熱流束の単位 $[\text{J}/(\text{m}^2\text{s})]$ に合わせるには，式 (1.36) に $[\text{kg}/\text{m}^3]$ の単位をもつ量を掛ければよい。それは密度 ρ だ。よっしゃ。

$$Tv_zC_p\rho \quad [\text{J}/(\text{m}^2\text{s})] \tag{1.37}$$

この熱流束は，$\rho C_p T$ $[\text{J}/\text{m}^3]$ という量に速さ v_z が掛かったものだと考えれば理解しやすい。つぎのように書き直そう。

$$(\rho C_p T)v_z \tag{1.38}$$

流れに乗って輸送されるのは $\rho C_p T$ という量なのである。$[\text{J}/\text{m}^3]$ という単位からして，この量は"熱濃度"と呼べばよいだろう。ヘ (<u>h</u>eat) の濃度にあたる。

最後に，モ (<u>mo</u>mentum，運動量) のドヤドヤ流束。マやヘと同じように考える。x 方向の速さ v_x が，v_z という速さの z 方向の流れに乗って輸送されるので，

$$v_xv_z \quad [\text{m/s}] \, [\text{m/s}] \tag{1.39}$$

単位は $[\text{m}^2/\text{s}^2]$。これを式 (1.27) の運動量流束の単位 $[(\text{kg m/s})/(\text{m}^2\text{s})]$ にもっていくためには，またもや $[\text{kg}/\text{m}^3]$ の単位をもつ密度 ρ を掛けるとうまくいく。

$$v_xv_z\rho \tag{1.40}$$

流れに乗っていた量は，ρv_x $[(\text{kg m/s})/\text{m}^3]$ という"x 方向の運動量濃度"と呼べばよいだろう。

$$(\rho v_x) v_z \tag{1.41}$$

本当はベクトルにしないといけない

C, T, v_x ともに, z 方向の流れにだけ運ばれることを考えた。もちろん, y 方向の流れ v_y にも z 方向の流れ v_z にも運ばれる。したがって, マヘモのドヤドヤ流束はスカラー量ではなく, 大きさと方向とを併せもつ量, すなわちベクトル量である。

$$\mathbf{マ}: \quad C\boldsymbol{v} = (Cv_x, Cv_y, Cv_z) \tag{1.42}$$
$$\mathbf{ヘ}: \quad (\rho C_\mathrm{p} T)\boldsymbol{v} = (\rho C_\mathrm{p} Tv_x, \rho C_\mathrm{p} Tv_y, \rho C_\mathrm{p} Tv_z) \tag{1.43}$$
$$\mathbf{モ}_x: \quad (\rho v_x)\boldsymbol{v} = (\rho v_x v_x, \rho v_x v_y, \rho v_x v_z) \tag{1.44}$$

この調子で, v_y と v_z が 3 方向の流れに乗って輸送されるときのドヤドヤ流束もつくってみると,

$$\mathbf{モ}_y: \quad (\rho v_y)\boldsymbol{v} = (\rho v_y v_x, \rho v_y v_y, \rho v_y v_z) \tag{1.45}$$
$$\mathbf{モ}_z: \quad (\rho v_z)\boldsymbol{v} = (\rho v_z v_x, \rho v_z v_y, \rho v_z v_z) \tag{1.46}$$

である。

1-6 マヘモのジワジワ流束と勾配三人衆

マヘモのジワジワ流束も式にしよう

さて, こんどはマヘモのジワジワ流束も式に表してみよう。なにはさておき名前をつけておく。ジワジワ流束には,

マヘモの順に J, q, τ という文字を割り当てるのが習わしになっている（τ は"タウ"と読む）。多勢に逆らうことはできない。太字になっているのは，ドヤドヤ流束がベクトル量なので，対峙するジワジワ流束もベクトル量でないと足してベクトル量である全流束にならないからだ。ジワジワ流束も大きさと方向をもっているのである。すると，マヘモの全流束は，ドヤドヤ流束にジワジワ流束を足した形，すなわち，つぎのように表される。

$$\text{マ}: \quad \boldsymbol{N} = C\boldsymbol{v} + \boldsymbol{J} \tag{1.47}$$
$$\text{ヘ}: \quad \boldsymbol{H} = \rho C_\text{p} T \boldsymbol{v} + \boldsymbol{q} \tag{1.48}$$
$$\text{モ}_x: \quad \boldsymbol{M}_x = \rho v_x \boldsymbol{v} + \boldsymbol{\tau}_x \tag{1.49}$$
$$\text{モ}_y: \quad \boldsymbol{M}_y = \rho v_y \boldsymbol{v} + \boldsymbol{\tau}_y \tag{1.50}$$
$$\text{モ}_z: \quad \boldsymbol{M}_z = \rho v_z \boldsymbol{v} + \boldsymbol{\tau}_z \tag{1.51}$$

ここで，マヘモの全流束にもベクトル量としての記号を与えた。それぞれ，$\boldsymbol{N}, \boldsymbol{H}, \boldsymbol{M}_x, \boldsymbol{M}_y, \boldsymbol{M}_z$ と表すのがふつうなのでこれまた覚えてほしい。質量流束が $\boldsymbol{N}$ となっているが，これは mass の頭文字をとって $\boldsymbol{M}$ とすると運動量流束と紛らわしいので，質量が分子の数（number）に比例することから $\boldsymbol{N}$ と名付けたのだろう。

ジワジワ流束の中身

ジワジワ流束を記号 $\boldsymbol{J}, \boldsymbol{q}, \boldsymbol{\tau}$ で表し，とりあえず式（1.47）から式（1.51）までを書いてみたけれども，このままでは何もわからない。$\boldsymbol{J}, \boldsymbol{q}, \boldsymbol{\tau}$ の中身が不明だからである。ジワジワ流束とは"物質が止まっていても勝手にジワジワと伝わっ

温泉に入ると，湯から体へ熱のジワジワ流束が生じる

図 1.19　露天風呂での熱流束

ていく物理量"のことであったから，物理現象を観察して，この中身を知っておかないといけない。

のちのち偏微分方程式を解いて濃度 C，温度 T，速度 v の分布を決定するのにも，ジワジワ流束の中身を理解して，ジワジワ流束を C, T, v の関数として表示しておくことが必須なのである。それでは，ジワジワ流束の定式化につなげるため，またもや私の体験を紹介するとしよう。

私にとって思い出の温泉地は，函館の海岸線に位置する湯の川温泉である。湯の川温泉の海岸に面した露天風呂から少々盛り上がって見える津軽海峡の海の向こうに本州の半島がかすんで見えた。目を手前の砂浜に移すと，カモメが砂をついばんでいた。このときなぜか石川さゆりさんの大ヒット曲『津軽海峡・冬景色』が心の中に流れた。「あっといけない。寒い。温まろう」。遠くを見渡すため裸で立ち上がっていた私の体は冷えていた。慌てて湯気のたつ露天風呂につかった（図 1.19）。

第 1 章　準備に時間がかかる偏微分方程式

図 1.20　ホットレモンの質量流束

濃度は高い方から低い方へ移動するので，お湯にレモンと砂糖を入れるとレモンは広がり，砂糖は溶ける

　さて，ここで，この露天風呂に体を浸してしばらくしたら，私が熱を奪われ風呂の中で凍り付いていたなんてことは絶対に起こらないのである。それはなぜか？　熱は高い方から低い方へ伝わるからである。風呂のお湯から冷えた私の体へ熱が伝わるのである。ジワジワ熱流束はそうなのである。しかも温度差が大きければそれだけ速く温まる。〈The 比較級, the 比較級.〉という有名な構文を使って英訳すると，The larger difference in temperature, the higher heat flux.

　私にとって冬の定番はホットレモンである。お湯にレモン果汁を垂らし，さらに砂糖を加える。これを飲むと冷えた体が温まり，まさにほっとする。さて，ここで，レモン果汁と砂糖を加えてしばらくしたら，お湯の中にレモン飴ができていたなんてことは絶対に起こらないのである（図 1.20）。それはなぜか？　濃度は高い方から低い方へ移動するからである。レモン果汁はお湯へ広がり砂糖はお湯へ溶けていくのである。ジワジワ質量流束はそうなのである。しかも濃度差が

図 1.21　風呂で泳ぐとどうなるか？

大きければそれだけ速く溶ける。The larger difference in concentration, the higher mass flux.

　温泉の大浴場に入っていて気がつくことがある。熱い風呂で泳いでいる人がいないことである（図 1.21）。いくら広いからといって熱い風呂で泳いだりしたらゆでダコになってしまう。熱い風呂ではじっと動かずにいるのが鉄則である。そうして長くつかれば体の芯まで温まる。風呂の温度が熱くて43℃，体温を 36℃とすれば温度差は 7℃だ。同じ温度差なら，泳ごうが，じっとしていようが，体の温まるスピードは同じだと思ってはならない。

　体を温めてくれる熱流束は，温度差ではなくて，**温度勾配**（temperature gradient）に比例するのである。「勾配」は難しい言葉だ。やさしく言うと「傾き」のことである。風呂に入っていると私たちの皮膚の周りには，はがして取れるフィルムではないけれども，境膜（film）という名のフィルムがで

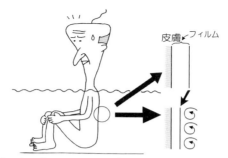

図 1.22　湯の中で生じるフィルム（境膜）
湯の中では，皮膚の周りにフィルムが生じ，体を動かすとフィルムが薄くなって温度勾配が大きくなる

きている。そのフィルムの中では水は止まっているのでジワジワ流束だけが活躍する。風呂の中でじっとしているときにできたフィルムに，泳ぐことによって生まれた流れが当たってフィルムの厚みが薄くなる（図1.22）。それで同じ温度差（ここでは7℃）でも泳ぐと，私たちの皮膚の周りのフィルム内の温度勾配が大きくなる。だから熱くて風呂につかっていられない。

$$温度勾配 = \frac{（温度差）}{（フィルムの厚み）} \tag{1.52}$$

　紅茶に角砂糖を入れたときも角砂糖の周りにはフィルムができている。そのフィルムに，スプーンを使って角砂糖の近くでかき混ぜることによって生まれた流れが当たって，フィルムの厚みが薄くなる。かき混ぜるとフィルム内の濃度勾配が大きくなるのだ。だから砂糖がすばやく溶ける。

$$濃度勾配 = \frac{(濃度差)}{(フィルムの厚み)} \tag{1.53}$$

🐚 物理的直観からのジワジワ流束の定式化

さて,そろそろジワジワ流束 $\boldsymbol{J}, \boldsymbol{q}, \boldsymbol{\tau}$ の定式化を試みるとしよう。上述の経験からわかることは,質量流束,熱流束がそれぞれ濃度勾配,温度勾配に比例するということだ。勾配とは傾きだから,物理量の差を距離で割ったものである。ということは,マヘモの順に z 方向の量(z 成分)を式にしていくと,比例記号 $\propto$ を使って,

$$マ: J_z \propto 濃度勾配 = \frac{\Delta C}{\Delta z} = \frac{\partial C}{\partial z} \tag{1.54}$$

$$ヘ: q_z \propto 温度勾配 = \frac{\Delta T}{\Delta z} = \frac{\partial T}{\partial z} \tag{1.55}$$

と,偏微分が使えるはずである。$\frac{\Delta C}{\Delta z}$ と $\frac{\partial C}{\partial z}$ をイコールでつなぐのは数学的には乱暴でもオーケーだ。間違ってはいない。

比例定数を使って,等号を使った式にしよう。比例定数にはそれぞれ D, k を用いることになっている。

$$マ: J_z = D\frac{\partial C}{\partial z} \tag{1.56}$$

$$ヘ: q_z = k\frac{\partial T}{\partial z} \tag{1.57}$$

大きさだけの話ならこれで済む。けれども,勾配が正の値

だと，ジワジワ流束のz成分も正の値になる。このままだと，「濃度は高い方から低い方へ移動する。熱は高い方から低い方へ伝わる」という現実に合わなくなる。これは問題だ。比例定数は負の値でなくてはならないのである。ただし，Dやkを負の値と定義するのは，あとあと計算がややこしい。Dやkは正の値としておいて右辺にマイナスをつければ，この問題は解決し，物理的意味もわかりやすい。

$$\text{マ}: J_z = -D\frac{\partial C}{\partial z} \tag{1.58}$$

$$\text{ヘ}: q_z = -k\frac{\partial T}{\partial z} \tag{1.59}$$

モは，マやヘにならってつくれば済む。

$$\text{モ}: \tau_{xz} = -\mu\frac{\partial v_x}{\partial z} \tag{1.60}$$

ここで，μ（"ミュー"と読む）は比例定数である。このτには2文字の下付き添え字がついていて，このxzという並び順にはちゃんと意味がある。先に来る添え字xは"分数の分子に来る速さがx方向のv_xだよ"という意味で，後に来る添え字zは"分母に来る距離がz方向のzだよ"という意味である。ということは，速さにはv_x, v_y, v_zと3つあって，勾配をとる方向にx, y, zと3つあるので，τの下付き添え字のパターンは，その組み合わせでつぎの9通りがあることになる。

$\tau_{xx}, \quad \tau_{xy}, \quad \tau_{xz}$

$\tau_{yx}, \quad \tau_{yy}, \quad \tau_{yz}$

$\tau_{zx}, \quad \tau_{zy}, \quad \tau_{zz}$

これらのマヘモのジワジワ流束を表す式 (1.58), (1.59), (1.60) は,それぞれ順に「拡散に関する**フィックの法則**(Fick's law)」,「熱伝導に関する**フーリエの法則**(Fourier's law)」,「粘性に関する**ニュートンの法則**(Newton's law)」と呼ばれている。この3人はこの本での有名人である。これからたびたび登場する。

🐚 やっぱりジワジワ流束もベクトルだ

これらの式は z 方向だけに限定されていた。ジワジワ流束は本来ベクトル量なので,それぞれ3つの成分をもつのが筋だ。マヘモの順に,ちゃんと書くとつぎのようになる。

$$\textbf{マ}: \quad \boldsymbol{J} = \left(-D\frac{\partial C}{\partial x}, -D\frac{\partial C}{\partial y}, -D\frac{\partial C}{\partial z}\right) \tag{1.61}$$

$$\textbf{ヘ}: \quad \boldsymbol{q} = \left(-k\frac{\partial T}{\partial x}, -k\frac{\partial T}{\partial y}, -k\frac{\partial T}{\partial z}\right) \tag{1.62}$$

$$\textbf{モ}_x: \quad \boldsymbol{\tau}_x = \left(-\mu\frac{\partial v_x}{\partial x}, -\mu\frac{\partial v_x}{\partial y}, -\mu\frac{\partial v_x}{\partial z}\right) \tag{1.63}$$

$$\textbf{モ}_y: \quad \boldsymbol{\tau}_y = \left(-\mu\frac{\partial v_y}{\partial x}, -\mu\frac{\partial v_y}{\partial y}, -\mu\frac{\partial v_y}{\partial z}\right) \tag{1.64}$$

$$\textbf{モ}_z: \quad \boldsymbol{\tau}_z = \left(-\mu\frac{\partial v_z}{\partial x}, -\mu\frac{\partial v_z}{\partial y}, -\mu\frac{\partial v_z}{\partial z}\right) \tag{1.65}$$

ただし，このように偏微分の入った成分をぜんぶ書き出すのはたいへんなので，つぎのような略記法がよく使われている。

$$マ: \bm{J} = -D\nabla C = -D\,\mathrm{grad}\,C \tag{1.66}$$
$$ヘ: \bm{q} = -k\nabla T = -k\,\mathrm{grad}\,T \tag{1.67}$$
$$モ_x: \tau_x = -\mu\nabla v_x = -\mu\,\mathrm{grad}\,v_x \tag{1.68}$$
$$モ_y: \tau_y = -\mu\nabla v_y = -\mu\,\mathrm{grad}\,v_y \tag{1.69}$$
$$モ_z: \tau_z = -\mu\nabla v_z = -\mu\,\mathrm{grad}\,v_z \tag{1.70}$$

見かけがすっきりとした代わりにイメージがつかみにくくなってはいけないので，しっかりと具体例を覚えておいてほしい。∇ は**ナブラ**（nabla）と読む。勾配（gradient）の頭から4つめまでの文字をとった記号 grad を使うこともある。この ∇ や grad は，$\dfrac{\partial C}{\partial x}, \dfrac{\partial C}{\partial y}, \dfrac{\partial C}{\partial z}$ などの3つの偏微分を1個の記号に略した省エネ表記法である。この記号をスカラー量にくっつければ，"偏微分を3回やって，それらを3成分にもつベクトル量をつくる"という作業が一気にできたことになるわけだ。

比例定数の正体

D, k, μ が比例定数であるといっても，いかにも数学的で味気なく，どういう意味があるのかわかりにくい。コーヒーにミルクを入れる話で考えよう。同じ大きさのコーヒーカップがあり，片方にホットコーヒー，もう一方にコーヒーゼリーが同じ高さまで入っている。コーヒーの苦さ，すなわちコー

図 1.23 ホットコーヒーとコーヒーゼリーにミルクを垂らす

ヒーの濃さも同じだ。両方とも苦いので同じ量のミルクを垂らすことにした。ホットコーヒーとコーヒーゼリーが同じ高さでカップに入っているので、初めの状況ではホットコーヒー、そしてコーヒーゼリーという場でのミルクの濃度勾配は同一である（図 1.23）。

ミルクの濃度勾配
$$= \frac{(ミルクの濃度)}{(ホットコーヒーまたはコーヒーゼリーの深さ)}$$
(1.71)

ホットコーヒーにもコーヒーゼリーにも流れがないとする。ミルクが最上面に垂れると、ミルクがカップの底へ向かってジワジワと移動していく。すると、ホットコーヒーの方がコーヒーゼリーよりずっと速くミルクが底に達する。コーヒーゼリーだとミルクは底まで届きそうにない。ミルクのジワジワ流束に差が出たのは、濃度勾配のせいではなく、比例定数の差のせいである。コーヒーゼリーの D はホットコー

第 1 章　準備に時間がかかる偏微分方程式

ヒーの D よりもずっと小さいのだ。

　比例定数はまさに場の物性を映し出す。ゼリー（jelly）は高分子の網目（polymer network）構造をもっている。ミルクの分子は高分子の網目にぶつかりながらくねくねと紆余曲折してコーヒーゼリー内を移動していくので，ホットコーヒー内を移動していくのに比べて，たいへんだ。

　場の物理構造や化学的性質を反映し，さらに温度や圧力に支配される比例定数にはきちんとした名前がある。**物性定数**（physical properties）である。

　マ：D は **拡散係数**（diffusivity）　で　単位は $[\mathrm{m^2/s}]$
　ヘ：k は **熱伝導度**（thermal conductivity）
　　　で　単位は $[\mathrm{J/(m\ s\ ℃)}]$
　モ：μ は **粘度**（viscosity）　で　単位は $[\mathrm{kg/(m\ s)}]$

　物性定数の単位は暗記するものではない。暗記すべきは，あくまで流束の単位とジワジワ流束についての3つの法則。そこから物性定数の単位を算出してみよう。まず，例の"勾配三人衆"フィック，フーリエ，ニュートンの法則から，単位だけを抜き出して書くと，

$$[\text{ジワジワ流束}] = [\text{物性定数}] \frac{[\text{物理量}]}{[\text{距離}]} \tag{1.72}$$

である。したがって，物性定数の単位を算出するための式は，

$$[\text{物性定数}] = \frac{[\text{ジワジワ流束}][\text{距離}]}{[\text{物理量}]} \tag{1.73}$$

となる。すなわち，それぞれの物性定数の単位は，

マ，拡散係数の単位：$\dfrac{\left[\dfrac{\text{kg}}{\text{m}^2\text{s}}\right][\text{m}]}{\left[\dfrac{\text{kg}}{\text{m}^3}\right]} = \left[\dfrac{\text{m}^2}{\text{s}}\right]$

ヘ，熱伝導度の単位：$\dfrac{\left[\dfrac{\text{J}}{\text{m}^2\text{s}}\right][\text{m}]}{[℃]} = \left[\dfrac{\text{J}}{\text{m s ℃}}\right]$

モ，粘度の単位 ：$\dfrac{\left[\dfrac{\text{kg}\dfrac{\text{m}}{\text{s}}}{\text{m}^2\text{s}}\right][\text{m}]}{\left[\dfrac{\text{m}}{\text{s}}\right]} = \left[\dfrac{\text{kg}}{\text{m s}}\right]$

と求められた。同じ勾配を与えたときには，物性定数の値が大きいほど，それだけジワジワ流束が大きくなる。

　本書は偏微分方程式の本なのに，この章では偏微分方程式は式 (1.1) ～ (1.3) に出てきたきりで，ドヤドヤとジワジワの話ばかりしてきた。それには理由がある。この本は偏微分方程式にまつわる定理や公式を議論する本ではない。偏微分方程式で表すことができる現象の意味をつかんで，現象をもとにして偏微分方程式をつくっていくプロセスを味わってほしいのである。

　以上で，必要な部品がそろった。ようやく偏微分方程式をつくる準備が完了した。偏微分方程式をつくるには，まず場面の現象をよく考える。さらに，座標軸を持ち込む。そこへ微小空間をつくる。その微小空間で，物理量の収支をとるという直前までたどり着いたのである。その収支式をつくる基本アイテムが，ドヤドヤ流束とジワジワ流束の和によって表

される全流束である。

実際に偏微分方程式をつくる手順は，第2, 3章で熱く語っていくことにしよう。

第1章のまとめ

数行の式とその説明で済むことを延々（たっぷり，どっぷり）と述べてきた。それもこれもみなさんに記号の意味，式の意味を絵として頭の中に入れておいていただきたかったからである。しかし，説明に用いた私の体験がみなさんに合点が行くかどうかはわからない。

この章の内容は，無味乾燥に書いてしまえば，つぎのようになる。

$$\mathbf{マ}: \mathbf{N} = C\mathbf{v} + \mathbf{J} = C\mathbf{v} + (-D\nabla C) \tag{1.74}$$

$$\mathbf{ヘ}: \mathbf{H} = \rho C_{\mathrm{p}} T\mathbf{v} + \mathbf{q} = \rho C_{\mathrm{p}} T\mathbf{v} + (-k\nabla T) \tag{1.75}$$

$$\mathbf{モ}_x: \mathbf{M}_x = \rho v_x \mathbf{v} + \mathbf{\tau}_x = \rho v_x \mathbf{v} + (-\mu \nabla v_x) \tag{1.76}$$

$$\mathbf{モ}_y: \mathbf{M}_y = \rho v_y \mathbf{v} + \mathbf{\tau}_y = \rho v_y \mathbf{v} + (-\mu \nabla v_y) \tag{1.77}$$

$$\mathbf{モ}_z: \mathbf{M}_z = \rho v_z \mathbf{v} + \mathbf{\tau}_z = \rho v_z \mathbf{v} + (-\mu \nabla v_z) \tag{1.78}$$

この式のイメージを，みなさんの体験や周囲の現象の観察をもとにして十分に膨らませておいてほしい。

ここに，運動量の流束を表す3つのベクトル $\mathbf{M}_x, \mathbf{M}_y, \mathbf{M}_z$ が登場している。これらはそれぞれ3つの成分 $(M_{xx}, M_{xy}, M_{xz}), (M_{yx}, M_{yy}, M_{yz}), (M_{zx}, M_{zy}, M_{zz})$ をもつ。3掛ける3で，つごう9つの値が含まれているわけ

だ。この 9 個の値（$M_{xx}, M_{xy}, M_{xz}, M_{yx}, M_{yy}, M_{yz}, M_{zx}, M_{zy}, M_{zz}$）をセットにして，$M$ という 1 文字で表すこともある。

$$M = \begin{pmatrix} M_{xx} & M_{xy} & M_{xz} \\ M_{yx} & M_{yy} & M_{yz} \\ M_{zx} & M_{zy} & M_{zz} \end{pmatrix} \qquad (1.79)$$

こうした量を，1つの値だけをもつスカラー，3つの値をもつベクトルと区別して，**テンソル**（tensor）と呼んでいる。このテンソルが登場し活躍する学問は，流体力学（hydrodynamics）をはじめ，固体力学（solid mechanics），電磁気学（electromagnetism）など，いろいろある。

第2章

つくるのがおもしろい
偏微分方程式

2-1 「○○な△△に，突然，□□」現象

🔰 マヘモがジワジワ移動する

夏は冷や奴に，冬は湯豆腐に醬油をかける。豆腐を崩さないように，箸を使って豆腐を割る。そして，豆腐の端をすくって口に運ぶ。ヘルシーメニューである。さて，高野豆腐は甘く煮てあるので醬油をふつうはかけない。それでも，冷や奴や湯豆腐の癖がついていて，皿に載った高野豆腐に私は思わず醬油をかけてしまった。この場面，題して**「甘い高野豆腐に，突然，醬油」**。はっと気がついてスプーンを取りにいき，醬油がしみていそうなところまで高野豆腐をくり抜いた（図 2.1）。

醬油が高野豆腐の上面から奥深くまでしみていくには時間

図 2.1 どのくらいの時間で，どこまで醤油がしみていくのか

がかかる。それにしても，どのくらいの時間でどこまでしみていくのか，それが問題である。

高野豆腐の上面に醤油を均一にかけるのはむずかしい。端にかけると，高野豆腐の外へ醤油がはねてもったいないから，真ん中にかけてそこから上面全体に広がるのを期待するわけだ。そこで，この場面の上面図（top view）と側面図（side view）を描いてみた（図 2.2）。

高野豆腐内での醤油の色，すなわち醤油の濃度は，高野豆腐内で時々刻々変化してい

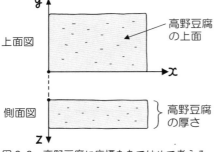

図 2.2 高野豆腐に座標をあてはめて考える
x と y は高野豆腐の上面に平行な面上の座標 [cm]，z は上面からの深さ [cm]

る。こうなると，なにはさておき，高野豆腐に座標をあてはめたい。高野豆腐は四角いので直角座標が都合がよい。

高野豆腐内の醤油濃度　$C(t, x, y, z)$　(2.1)

ここで，t は経過時間 [s]，x と y は高野豆腐上面に平行な面上の座標 [cm]，z は上面からの深さ [cm] である。この時空で決まる関数である醤油濃度 C を求めるには偏微分方程式

をたてて解くしかない。縦，横，高さがそれぞれ 10 cm, 6 cm, 3 cm の高野豆腐なら，

$$C(180, 5, 3, 1.5) \tag{2.2}$$

は，醬油が高野豆腐の上面にかかって3分後（$t=180$ 秒）の高野豆腐のど真ん中（$x=10/2, y=6/2, z=3/2$）の醬油濃度を示す。ここまでが，「○○な△△に，突然，□□」現象のマ（<u>m</u>ass）の例である。つぎはヘ（<u>h</u>eat）の話題に移る。

　底冷えのする冬のある朝，革靴が低温のために固くなっている。駅に向かう路(みち)は前夜からすっかり冷えている。ペタペタ歩いていると靴の裏を通って体の熱が路面へ，フーリエの法則（53ページ）に従って，ジワジワ逃げていくのがわかる。私は寒がりだ。真冬になれば，ホッカイロをシャツの上に貼り付けた上に，服をたくさん着込む。昔はホッカイロの袋の中の粉を振り混ぜて使ったのに，いまは裏面のシールをはがすと，すぐに温かくなってくる。今日はそれほどの寒さでもないと見込んで，ホッカイロをシャツに貼らずに外へ出た。

　しばらく歩くとやっぱり寒かった。歩きながら，鞄から予備のホッカイロを取り出してシールをはがした。それをとりあえずズボンの後ろポケットの片方にしのばせた。この場面，題して**「冷たいお尻に，突然，ホッカイロ」**（図2.3）。通勤電車に飛び乗った頃にはお尻がジワジワ温まってきた。お尻の面から奥深くまで温まっていくには時間がかかる。それにしても，どのくらいの時間でどこまで温まるのか，それが問題である。

　お尻の全面を均一に温めるのはむずかしい。ホッカイロ

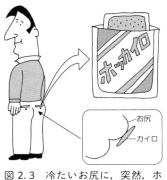

図 2.3 冷たいお尻に,突然,ホッカイロ

を,片方のポケットにまずは入れて,そのうちにもう片方のポケットに移す手もある。いっぺんに2つのホッカイロを使うのはもったいない。お尻の片方から全体に拡がるのを期待するわけだ。そこで,この場面の上面図と側面図を描いてみた(図 2.4)。

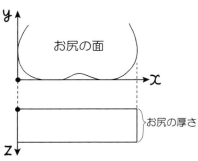

図 2.4 お尻に座標をあてはめて考える
x と y はお尻面に平行な面上の座標 [cm], z はお尻面からの深さ [cm]

お尻内の温度は,お尻内で時々刻々変化している。こうなると,なにはさておき,お尻に座標をあてはめたい。お尻の形はどちらかというと丸いけれども,ブロックのように四角いとみなせないこともない。直角座標をあてはめる。

$$お尻内の温度 \quad T(t, x, y, z) \tag{2.3}$$

ここで,t は経過時間 [s],x と y はお尻面に平行な面上の座標 [cm],z はお尻面からの深さ [cm] である。この時空で決まる関数である温度 T を求めるには偏微分方程式をたてて

第2章 つくるのがおもしろい偏微分方程式

解くしかない．幅，高さ，厚さがそれぞれ 60 cm，30 cm，20 cm のお尻なら，

$$T(180, 15, 15, 10) \tag{2.4}$$

は，ホッカイロが片方のポケットに入ってから3分後のお尻の片方のど真ん中の温度を示す．ここまでが，「○○な△△に，突然，□□」現象のヘ（heat）の例である．つぎはモ（momentum）の例．

　私は以前に，"洗足池"という名の池まで歩いて5分くらいのところに住んでいた．日蓮上人が旅の途中で足をお洗いになったのでその名がついたという．池のほとりのお寺の入り口には上人がそのときに袈裟を掛けた松の木があって，これまた"袈裟掛けの松"という名がついている．その洗足池の端っこに出っ張った水際（waterfront）がある．そこは流れがほとんどなく淀んでいる．水面をボサッと眺めていたら，風が吹いていないのに水面がざわめいた．流れに乗って浮かんでいた落ち葉が一方向に流れていった．どうしたんだろう？

　ナマズが池の底でズルズルと動いたにちがいない．ナマズが動いて生まれた速度勾配に応じて，運動量が底から水面までジワジワ伝わってきたのだ（図2.5）．この場面，題して**「静かな池底に，突然，ナマズ」**．洗足池の端っこで，速度が池の底から水面まで上がってくるには時間がかかる．それにしても，どのくらいの時間でどこまで速度が伝わるのか，それが問題である．

　端っことはいえども，普通のナマズ1匹が水面を均一にざわめかすのはむずかしい．巨大ナマズなら広い範囲を動かす

図 2.5 静かな池底に,突然,ナマズ

だろうに。巨大ウナギなら鹿児島県の池田湖にいるはずだ。そこで,この場面の上面図と側面図を描いてみた(図 2.6)。

池の水中での速度は,池の水中で時々刻々変化している。こうなると,なにはさておき,池の水中に座標をあてはめたい。とりあえず直角座標がわかりやすい。

$$\text{洗足池水中の速度} \quad \boldsymbol{v}(t,x,y,z) \tag{2.5}$$

ここで,t は経過時間 [s],x と y は池の底面に平行な面上の座標 [m] である。z は底面からの距離 [m] である。この時空で決まる関数であるベクトル量 $\boldsymbol{v}$ を求めるには偏微分方

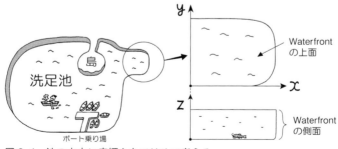

図 2.6 池の水中に座標をあてはめて考える
 x と y は池の底面に平行な面上の座標 [m],z は底面からの距離 [m]

程式をたてて解くしかない。縦，横，深さがそれぞれ 10 m，6 m，2 m の池の端っこなら，

$$\bm{v}(180, 5, 3, 1) \tag{2.6}$$

は，ナマズが動いてから 3 分後の池の端っこの水中のど真ん中の速度を示す。ここまでが，「静かな池底に，突然，ナマズ」現象のモ（<u>mo</u>mentum）の例である。

🐚 「○○な△△に，突然，□□」って何なのか

マヘモ（<u>m</u>ass, <u>h</u>eat, <u>mo</u>mentum）の順に，「甘い高野豆腐に，突然，醬油」「冷たいお尻に，突然，ホッカイロ」「静かな池底に，突然，ナマズ」と 3 つの場面がそろった。どれも**「○○な△△に，突然，□□」**という形をしているのがわかる。ここで醬油，ホッカイロ，ナマズはそれぞれ，マヘモにジワジワ流束をもたらす要因だ。これらの要因が，ある瞬間に（時刻 $t=0$ で）突然マヘモの場に出現して，それによってマヘモが変動する場面をこの第 2 章ではイメージしていくわけだ。

これらの場面での濃度 C，温度 T，速度 $\bm{v}$ を表現する偏微分方程式をこの章でつくっていく。なお，この章ではジワジワ流束だけを考えて，ドヤドヤ流束は扱わないことにする。ドヤドヤは第 3 章で扱う。

2-2 単純化して本質を抽き出すモデリング

● コンピュータ任せではつまらない

はじめから,現実の場面で起きている現象を数式を使って正確に記述しようとすると,偏微分方程式は複雑になる。複雑になると式は解きにくくなる。鉛筆を使ってノートの上で解くことなど到底できない。スーパーコンピュータに解いてもらうことになる。それではつまらない。ここは,正確さに少し目をつぶって,偏微分方程式を単純にしておくことが賢明である。そうすれば,第4章でノートと鉛筆があればそれを解けるようになる。現実とは少し異なっても,現象の本質を見抜けるようになった方が得だ。

「○○な△△に,突然,□□」現象に大胆な仮定をおいて,現象をすっきりさせよう。現象を単純化(simplification)する。この作業を**モデリング**(modeling)と呼ぶ。まず,「甘い高野豆腐に,突然,醬油」というマ(mass)の場面。

マの仮定(1):醬油を高野豆腐の上面に均一にかけたとする。できないことはない。たっぷり,いっぺんに醬油をかけたのである。なのに,周りにはこぼれない。すると,醬油は上面から一斉に深さ方向に等しく,下面に向かってしみていく。醬油濃度は高野豆腐上面に平行な面上にとった座標 x, y に依らなくなる。依らなくなるとは無関係になるということ。無関係になるとは,醬油濃度が x, y の関数ではなくなるということだから,

$$\text{simplified 高野豆腐内の醬油濃度} \quad C(t, z) \qquad (2.7)$$

第 2 章　つくるのがおもしろい偏微分方程式

というふうに，経過時間 t と上面からの深さ z の関数として醬油濃度が決まるのである．変数が 4 つ（t, x, y, z）から 2 つ（t, z）に減った．時間の座標と空間の座標を 1 つずつ，計 2 つという構成である．これ以上減らして変数を 1 つにしたら元も子もなくなる．偏微分にならなくなるからだ．

つぎは，「冷たいお尻に，突然，ホッカイロ」というヘ（<u>h</u>eat）の場面．

への仮定（1）：お尻の全面にホッカイロが貼り付けられたとする．できないことはない．椅子にホッカイロをいくつも敷いて，そこへぺったりと腰掛ければよい．お尻も平たくなって直角座標にもあてはまりやすくなった．すると，熱はお尻の面から一斉に深さ方向に等しく，前面に向かって伝わっていく．温度はお尻の面に平行な面上にとった座標 x, y に依らなくなる．

$$\text{simplified お尻内の温度}\quad T(t, z) \tag{2.8}$$

というふうに，経過時間 t とお尻面からの深さ z の関数としてお尻内の温度が決まる．時間 1 つ，空間 1 つの変数が残った．

さらに，「静かな池底に，突然，ナマズ」というモ（<u>mo</u>mentum）の場面．

モの仮定（1）：池の端っこの底の全面をナマズが動いたとする．できないことはない．池に棲んでいるナマズに集まってもらって，マラソン大会のスタートの風景のようにして並んでしばらく動いてもらえばよい（図 2.7）．すると，運動量は底の面から一斉に等しく，水面に向かって伝わっていく．ナマズに x 方向に動いてもらったとして，速さ v_x は水中の

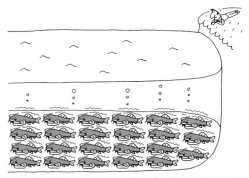

図 2.7 池の底の全面でナマズが一斉に動いたら……

底面に平行な面上の座標 x, y に依らなくなる。

$$\text{simplified 水の速度} \quad v_x(t, z) \tag{2.9}$$

というふうに，経過時間と底面からの距離 z の関数としてナマズが動いたことによって動かされた水の x 方向の速さが決まる。

2-3 | 放物型偏微分方程式の誕生

ふたたび，「入りたまご消して出る」

第1章でも出たとおり，「入 溜 消 出」(いりたまごけしてでる)が偏微分方程式づくりの基本である。「入溜消出」に基づいて，微小空間で収支をとる。単純化された「○○な△△に，突然，□□」現象を偏微分方程式によって表すには共通の手続きがあるので，まず，それを紹介しよう。

(1) 場の内部に微小時間と微小空間をとる
(2) 流束の種類を判定しながら収支をとる
(3) 微分コンシャスして方程式を変形する

マ (mass) の収支式

「甘い高野豆腐に，突然，醬油」でのマの収支から始めよう。微小体積（z と $z+\Delta z$ との間）に，微小時間（t と $t+\Delta t$ との間）に**入**ってくる分は，$z=z$ の面から z の正の方向へ向いたジワジワ質量流束に，断面積 S と微小時間 Δt とを掛けて，

$$J_z|_z (S\Delta t) \quad [\mathrm{kg}] \tag{2.10}$$

となる。ジワジワ質量流束 J_z の単位は $\mathrm{kg/(m^2\,s)}$ であり，面積 $\mathrm{m^2}$ と時間 s を掛ければ単位は kg である。ここで，ジワジワ質量流束の z 成分 J_z の右に見慣れない**棒 "|" が立っている。棒の右下に z と書かれている。この棒は「位置 $z=z$ での J_z の値ですよ」という意味を表す重要なマーク（図2.8）**だ。$J_z(z)$ と書いてもよいが，他の括弧と紛らわしいので棒マークを使う。この棒は直前の記号に，または直前の（ ）の中に入っている記号（例えば，後出の式（2.102）のように）に有効だとする。

溜まる分は，z と $z+\Delta z$ に挟まれた微小体積（$S\Delta z$）に，微小時間 Δt 内に溜まる醬油の量のこと。位置を決めると醬油濃度はその位置で確実に増えていく。時々刻々と微小体積の中に醬油が溜まっていく。まさに非定常状態。

$$(C|_{t+\Delta t} - C|_t)(S\Delta z) \quad [\mathrm{kg}] \tag{2.11}$$

ここで，濃度 C の右に棒 "|" が立っている。この棒は「時間

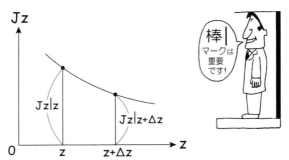

図 2.8　場の内部に微小空間と微小時間をとる
「$J_z|_z$」の中の棒マーク"$|$"は,「位置 $z=z$ での J_z の値」ということを示す重要なマーク

$t=t$ での C の値ですよ」という意味を表している。

消える分は,高野豆腐の内部に醬油を餌にして生きていく菌でもいれば別だが,ふつうはそういうことはない。つまり,微小空間で反応が起きて醬油が消えることはない。よって消える分はゼロ。

出ていく分は,$z=z+\Delta z$ の面から z の正の方向へ向いたジワジワ質量流束に,断面積 S と微小時間 Δt とを掛けて,

$$J_z|_{z+\Delta z}(S\Delta t) \quad [\text{kg}] \tag{2.12}$$

これで,「入溜消出」の全項がそろった。

$$J_z|_z(S\Delta t)-(C|_{t+\Delta t}-C|_t)(S\Delta z)-0 = J_z|_{z+\Delta z}(S\Delta t) \tag{2.13}$$

すべての項の単位が kg にそろっているから足したり引いたりできる。

ここで,**微分をコンシャス**してみる(図 2.9)。コンシャス

(conscious) とは"意識する"という意味なので，微分をコンシャスというのは"微分の定義式（34 ページ）を意識して式変形をする"ということだ．略して"**ビブコン**"である（私は覚えやすいと思っている）．微分を競うコンテストではない．ここでは，

$$\frac{J_z|_{z+\Delta z} - J_z|_z}{\Delta z} \tag{2.14}$$

と，

$$\frac{C|_{t+\Delta t} - C|_t}{\Delta t} \tag{2.15}$$

をつくることを意識して式（2.13）を変形していく．

$$-(C|_{t+\Delta t} - C|_t)(S\Delta z) = (J_z|_{z+\Delta z} - J_z|_z)(S\Delta t) \tag{2.16}$$

高野豆腐の微小体積（$S\Delta z$），さらには微小時間 Δt で両辺を割ると，

$$-\frac{C|_{t+\Delta t} - C|_t}{\Delta t} = \frac{J_z|_{z+\Delta z} - J_z|_z}{\Delta z} \tag{2.17}$$

左辺は z に関心がなくて t にぞっこんで，また右辺は t に関心がなくて z にぞっこんなので，Δt も Δz も限りなく小さくすると，∂ の記号を使って，

$$-\frac{\partial C}{\partial t} = \frac{\partial J_z}{\partial z} \tag{2.18}$$

が得られる．このままにしておくと，醬油の濃度が右辺に現

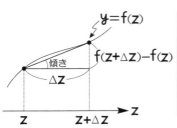

図 2.9 微分をコンシャスしてみる

第 2 章　つくるのがおもしろい偏微分方程式

れないのでこの先困ってしまう。そこで、ジワジワ質量流束 J_z が濃度勾配に比例するというフィックの法則（53 ページ）

$$J_z = -D\frac{\partial C}{\partial z} \tag{2.19}$$

をここへ代入する。

$$-\frac{\partial C}{\partial t} = \frac{\partial\left(-D\frac{\partial C}{\partial z}\right)}{\partial z} \tag{2.20}$$

マイナス符号は両辺から消える。さらに、場の物性である拡散係数 D は、高野豆腐が上から下まで均一に製造されていれば、z に無関係に一定値なので、∂ の前に出してよい。

$$\frac{\partial C}{\partial t} = D\frac{\partial^2 C}{\partial z^2} \tag{2.21}$$

ここで、右辺にある 2 つの上付き添え字（superscript）の「^{2}」の位置を考える。$\partial^2 C$ と ∂z^2 とで ^{2} の位置が異なっている。分子の ∂ のすぐ後の上付き添え字の ^{2} は、C について差を 2 回とっていることを示している。一方、分母の z のすぐ後の上付き添え字 ^{2} は ∂z で 2 回割っていることを示している。1 回めは「出－入」項をビブコンしたときに、そして 2 回めはフィックの法則の式を代入したときに ∂z が分母に現れた。

$\frac{\partial^2 C}{\partial z^2}$ は、**2 階**（second order）の偏微分と呼ばれている。というわけで、待望の偏微分方程式のマ版、式（2.21）が誕生

した。

ところで，上の式中の $\frac{\partial^2 C}{\partial z^2}$ というのは，

$$\left(\frac{\partial C}{\partial z}\right)^2 \tag{2.22}$$

とはぜんぜん違うものなので注意。$\frac{\partial^2 C}{\partial z^2}$ の単位は (kg/m^3) $/m^2$，一方，$\left(\frac{\partial C}{\partial z}\right)^2$ の単位は $(kg/m^3)^2$ で単位も違っている。$\left(\frac{\partial C}{\partial z}\right)^2$ は，1階（first order）の偏微分である $\frac{\partial C}{\partial z}$ を単純に2乗したものだ。正式には1階2次（quadratic）の偏微分と呼ばれる。

ヘ (heat) の収支式

つぎに，同じノリで，「冷たいお尻に，突然，ホッカイロ」でのへの収支。

微小体積（z と $z+\Delta z$ との間）に，微小時間（t と $t+\Delta t$ との間）に**入**ってくる分は，$z=z$ の面から z の正の方向へ向いたジワジワ熱流束 q_z に，断面積 S と微小時間 Δt とを掛けて，

$$q_z|_z (S\Delta t) \quad [J] \tag{2.23}$$

溜まる分は，z と $z+\Delta z$ に囲まれた微小体積（$S\Delta z$）に，微小時間 Δt 内に溜まる熱量のこと。位置を決めると温度はその位置で確実に増えていく。時々刻々と微小体積の中に熱が溜まっていく。まさに非定常状態だ。

$$(T|_{t+\Delta t} - T|_t)(\rho C_p S \Delta z) \quad [J] \tag{2.24}$$

消える分は，お尻内部に熱を発生したり，吸収したりする

しくみはない。微小空間で反応が起きて熱が出たり，消えたりすることはない。よって消える分はゼロ。

出ていく分は，$z=z+\Delta z$ の面から，z の正の方向へ向いたジワジワ熱流束に，断面積と微小時間とを掛けて，

$$q_z|_{z+\Delta z}(S\Delta t) \quad [\text{J}] \tag{2.25}$$

これで，「入溜消出」の全項がそろった。すべての項の単位がJにそろっている。

$$\begin{aligned} q_z|_z(S\Delta t) - (T|_{t+\Delta t} - T|_t)(\rho C_\text{p} S\Delta z) - 0 \\ = q_z|_{z+\Delta z}(S\Delta t) \end{aligned} \tag{2.26}$$

"ビブコン"をする。ここでは，

$$\frac{q_z|_{z+\Delta z} - q_z|_z}{\Delta z} \tag{2.27}$$

と，

$$\frac{T|_{t+\Delta t} - T|_t}{\Delta t} \tag{2.28}$$

をつくることを意識して式（2.26）を変形していく。

$$-(T|_{t+\Delta t} - T|_t)(\rho C_\text{p} S\Delta z) = (q_z|_{z+\Delta z} - q_z|_z)(S\Delta t) \tag{2.29}$$

微小体積（$S\Delta z$），さらには微小時間 Δt で両辺を割ると，

$$-\rho C_\text{p} \frac{T|_{t+\Delta t} - T|_t}{\Delta t} = \frac{q_z|_{z+\Delta z} - q_z|_z}{\Delta z} \tag{2.30}$$

左辺は z に関心がなくて t にぞっこんで，また右辺は t に関心がなくて z にぞっこんなので，Δt も Δz も限りなく小さくすると，∂ の記号を使って，

$$-\rho C_\mathrm{p} \frac{\partial T}{\partial t} = \frac{\partial q_z}{\partial z} \tag{2.31}$$

が得られる。このままにしておくと，お尻の温度が右辺に現れないのでこの先困ってしまう。そこで，ジワジワ熱流束 q_z が温度勾配に比例するというフーリエの法則（53 ページ）

$$q_z = -k \frac{\partial T}{\partial z} \tag{2.32}$$

をここに代入する。

$$-\rho C_\mathrm{p} \frac{\partial T}{\partial t} = \frac{\partial \left(-k \frac{\partial T}{\partial z}\right)}{\partial z} \tag{2.33}$$

マイナス符号は両辺から消える。さらに，場の物性である熱伝導度 k は，お尻が均一であれば z に無関係に一定値なので，∂ の前に出してよい。

$$\frac{\partial T}{\partial t} = \left(\frac{k}{\rho C_\mathrm{p}}\right) \frac{\partial^2 T}{\partial z^2} \tag{2.34}$$

というわけで待望の偏微分方程式のヘ版が誕生した。

モ (momentum) の収支式

さらに，しつこいノリで，「静かな池底に，突然，ナマズ」

でのモの収支。

微小体積（z と $z+\Delta z$ との間）に，微小時間（t と $t+\Delta t$ との間）に**入**ってくる分は，$z=z$ の面から z の正の方向へ向いたジワジワ運動量流束に，断面積 S と微小時間 Δt とを掛けて，

$$\tau_z|_z (S\Delta t) \quad [\text{kg m/s}] \tag{2.35}$$

溜まる分は，z と $z+\Delta z$ に囲まれた微小体積（$S\Delta z$）に，微小時間 Δt 内に溜まる運動量の量のこと。位置を決めると運動量はその位置で確実に増えていく。時々刻々と微小体積の中に運動量が溜まっていく。まさに非定常状態。

$$(v_x|_{t+\Delta t} - v_x|_t)(\rho S \Delta z) \quad [\text{kg m/s}] \tag{2.36}$$

消える分はなく，ゼロ。

出ていく分は，$z=z+\Delta z$ の面から z の正の方向へ向いたジワジワ運動量流束に，断面積と微小時間とを掛けて，

$$\tau_z|_{z+\Delta z} (S\Delta t) \quad [\text{kg m/s}] \tag{2.37}$$

これで，「入溜消出」の全項がそろった。すべての項の単位が kg m/s にそろっていて，安心して収支式をつくることができる。

$$\begin{aligned}\tau_z|_z(S\Delta t) - (v_x|_{t+\Delta t} - v_x|_t)(\rho S \Delta z) - 0 \\ = \tau_z|_{z+\Delta z}(S\Delta t)\end{aligned} \tag{2.38}$$

またしても"ビブコン"をする。ここでは，

$$\frac{\tau_z|_{z+\Delta z} - \tau_z|_z}{\Delta z} \tag{2.39}$$

と，

$$\frac{v_x|_{t+\Delta t} - v_x|_t}{\Delta t} \tag{2.40}$$

をつくることを意識して，式（2.38）を変形していく．

$$-(v_x|_{t+\Delta t} - v_x|_t)(\rho S \Delta z) = (\tau_z|_{z+\Delta z} - \tau_z|_z)(S \Delta t) \tag{2.41}$$

微小体積（$S\Delta z$），さらには微小時間 Δt で両辺を割ると，

$$-\rho \frac{v_x|_{t+\Delta t} - v_x|_t}{\Delta t} = \frac{\tau_z|_{z+\Delta z} - \tau_z|_z}{\Delta z} \tag{2.42}$$

左辺は z に関心がなくて t にぞっこんで，また右辺は t に関心がなくて z にぞっこんなので，Δt も Δz も限りなく小さくすると，∂ の記号を使って，

$$-\rho \frac{\partial v_x}{\partial t} = \frac{\partial \tau_z}{\partial z} \tag{2.43}$$

が得られる．このままにしておくと，速度が右辺に現れないのでこの先困ってしまう．そこで，ジワジワ運動量流束 τ_z が速度勾配に比例するというニュートンの法則（53ページ）

$$\tau_z = -\mu \frac{\partial v_x}{\partial z} \tag{2.44}$$

をここに代入する．

第 2 章 つくるのがおもしろい偏微分方程式

$$-\rho \frac{\partial v_x}{\partial t} = \frac{\partial \left(-\mu \frac{\partial v_x}{\partial z}\right)}{\partial z} \tag{2.45}$$

マイナス符号は両辺から消える。さらに,場の物性である粘度 μ は,池の水が水面から池底まで同じ水質ならば,z に無関係に一定値なので,∂ の前に出してよい。

$$\frac{\partial v_x}{\partial t} = (\mu/\rho) \frac{\partial^2 v_x}{\partial z^2} \tag{2.46}$$

というわけで待望の偏微分方程式のモ版が誕生した。

「入溜消出」収支に基づいて,「○○な△△に,突然, □□」現象を偏微分方程式を使って表現した。これを解くと,場面の中での濃度,温度,速度の分布を求めることができる。解くのは第 4 章。

モデリングの過程で仮定をおいたので,それをまとめておく。さきほどは仮定 (1) だった (68〜70 ページ)。こんどは仮定 (2) になる。波下線を引いた部分を除くと同一の文章になる。

マの仮定 (2):ジワジワ質量流束が濃度勾配に比例するというフィックの法則に従う。さらに,その比例係数である拡散係数 D は空間座標 z に依らない定数である。

への仮定 (2):ジワジワ熱流束が温度勾配に比例するというフーリエの法則に従う。さらに,その比例係数である熱伝導度 k は空間座標 z に依らない定数である。

モの仮定（2）：ジワジワ運動量流束が速度勾配に比例するというニュートンの法則に従う。さらに，その比例係数である粘度μは空間座標zに依らない定数である。

「入溜消出」のうち，「消」の項はゼロであったので，それも仮定に入る。マヘモ共通の仮定（3）としよう。

マヘモ共通の仮定（3）：反応，それに伴う反応熱，そして外部からの圧力による寄与はないので，収支式の中で「消」の項はゼロである。

🐚 マヘモの形がビシッとそろう

得られた偏微分方程式をまとめて書くと，

$$\frac{\partial C}{\partial t} = D \frac{\partial^2 C}{\partial z^2} \quad \text{（式（2.21）の再掲）}$$

$$\frac{\partial T}{\partial t} = \left(\frac{k}{\rho C_p}\right)\frac{\partial^2 T}{\partial z^2} \quad \text{（式（2.34）の再掲）} \quad (2.47)$$

$$\frac{\partial v_x}{\partial t} = (\mu/\rho) \frac{\partial^2 v_x}{\partial z^2} \quad \text{（式（2.46）の再掲）}$$

似ている式だ。右辺のzについての2階微分の係数は，マは拡散係数（diffusivity）と呼ばれるDですっきりしているけれども，へとマはそうではない。そこで，

$$k/\rho C_p = \alpha$$
$$\mu/\rho = \nu$$

というふうにまとめる。α（"アルファ"と読むギリシャ文字）とν（"ニュー"と読むギリシャ文字）は，それぞれ**熱拡散係数**（thermal diffusivity），**動粘度**（kinetic viscosity）と呼ばれている。せっかくならνを"運動量拡散係数（momentum diffusivity)"と名付けてほしかった。この本ではそう呼ぶことにしよう。調べれば誰かがきっとそう呼んでいると思う。

$$\frac{\partial C}{\partial t} = D\frac{\partial^2 C}{\partial z^2}$$
$$\frac{\partial T}{\partial t} = \alpha\frac{\partial^2 T}{\partial z^2} \quad (2.48)$$
$$\frac{\partial v_x}{\partial t} = \nu\frac{\partial^2 v_x}{\partial z^2}$$

この3式，並びが美しい。ここは映画を観ていて感動する場面に相当する。これらはいずれも，

$$\frac{\partial \blacksquare}{\partial t} = K\frac{\partial^2 \blacksquare}{\partial z^2} \quad (2.49)$$

という形をしている。D, α, νを表す係数Kの単位はこの式からm^2/sと計算できる。面積が進むスピードの次元である。

この形の偏微分方程式は**放物型**（または**放物線型**，parabolic）と呼ばれている。放物線の代表例は$y=ax^2$である。この式で，yを$\frac{\partial C}{\partial t}$，$a$を$D$，そして$x^2$を$\frac{\partial^2 C}{\partial z^2}$と強引にみなせばその型名をなっとくできる。$\left(\frac{\partial C}{\partial z}\right)^2$とは違うのでご注意ください。

2-4 時間なら初期条件，空間なら境界条件，ただそれだけ

 数学用語なんて怖くない

偏微分方程式だけできていても，場での物理量（濃度，温度，速度）の分布を得ることができない。**初期条件**（initial condition）と**境界条件**（boundary condition）が必要になる。初期条件とか境界条件とかいうと，お堅い数学用語なので身構えてしまう。でも実際にはむずかしいものではなく，**初期条件とは"ある時間での値"，境界条件とは"ある位置での値"という，単にそれだけの意味である**。何の値かというと，濃度，温度，速度，またはそれらの流束の値である。場面に応じて，私たちが設定できる値であり，はじめから設定されている値とは限らない。

時間といってもたいていは，現象の始まり，"よーいどん"のときの値が多いので"初期"の名がついている。また，位置といってもたいていは，縁（ふち）での値が多いので"境界"という名になっている。私は，生年月日が初期条件で，出身地やその後の環境が境界条件という中で人生を送ってきている。

初期条件，境界条件，いったいいくつ必要なのか？ 答えは，偏微分方程式中の微分形の部分が1階なら1個，2階なら2個，n階ならn個である。

原則に立てば，微分方程式は積分していくと解ける。簡単な例として，関数$f(z)$をzだけに依存する関数として，この$f(z)$についての偏微分方程式を考える（1変数の偏微分はふつう"常微分"と呼ぶが，この本では常微分は偏微分の

一種とみなす)。未知関数 f について 1 階の微分方程式

$$\frac{\partial f}{\partial z} = 2 \tag{2.50}$$

を解く(微分方程式を解くとは,"$f(z)$＝なにがし"という右辺に z が明確に入っている形で表すこと)には,両辺を積分すればいい。実行すると,

$$f(z) = 2z + C_1 \tag{2.51}$$

ここで,C_1 は積分操作で生まれる定数なので積分定数と呼ばれている。この文字 C は定数(constant)という意味で,濃度の C や比熱 C_p とは一切関係ないことに注意。物理的には,C_1 の具体的な値を決定しないと,役に立つ解にはならない。そこで,例えば,$z=0$ で $f=3$ という境界条件を 1 個与えると,$C_1=3$ となって解が決まる。こうして 1 階なら 1 個,C_1 だけを決めることが必要だった。

$$f(z) = 2z + 3 \tag{2.52}$$

こんどは,未知関数 f について 2 階の微分方程式を解く。

$$\frac{\partial^2 f}{\partial z^2} = 2 \tag{2.53}$$

を解くには,両辺に積分を 2 回施せばいい。実行すると,

$$f(z) = z^2 + C_1 z + C_2 \tag{2.54}$$

ここで,C_1 と C_2 は積分定数である。それぞれ 1 回め,2 回めの積分操作で生まれてきた。そこで,$z=0$ で $f=2$,$z=0$ で $\frac{\partial f}{\partial z}=4$ という 2 個の境界条件を与えると,

$$f(z) = z^2 + 4z + 2 \tag{2.55}$$

という関数 f が確定するわけだ。こうして2階なら境界条件は2個必要だった。

🐚 実際の状況から初期条件と境界条件を決める

さて,「○○な△△に,突然,□□」現象に話を戻そう。

$$\frac{\partial C}{\partial t} = D\frac{\partial^2 C}{\partial z^2}$$

$$\frac{\partial T}{\partial t} = \alpha\frac{\partial^2 T}{\partial z^2} \qquad (2.48)\text{の再掲}$$

$$\frac{\partial v_x}{\partial t} = \nu\frac{\partial^2 v_x}{\partial z^2}$$

左辺が t について1階の偏微分,右辺が z について2階の偏微分である。したがって,左辺のゆえに,ある時間での物理量の値が1つ要る。右辺のゆえに,ある場所での物理量の値が2つ要る。すなわち,初期条件が1つ,境界条件が2つ要る。「○○な△△に,突然,□□」について初期条件1つと境界条件2つをこれからつくろう。

マ の初期条件・境界条件

マ(mass)の場面では,甘い高野豆腐に,突然,醬油をかけた。ストップウォッチのスタートボタンを押してからすぐに醬油をかけたとする。

第 2 章　つくるのがおもしろい偏微分方程式

$$\text{at} \quad t = 0 \quad C = 0 \tag{2.56}$$

つぎの瞬間から高野豆腐の上面（$z=0$）に濃度 C_s（下付き添え字 s は surface の s）をもつ醬油をたっぷりかけたのだから，

$$\text{at} \quad z = 0 \quad C = C_s \tag{2.57}$$

もう1つの縁である高野豆腐の底面に長い時間をかけてジワジワとしみわたってきた醬油はそこからこぼれ落ちない（図 2.10）。すなわち，そこは行き止まり（dead end）だ。それで，ジワジワ物質流束をゼロとおく。

$$\text{at} \quad z = L \quad J_z = 0 \tag{2.58}$$

濃度の表示にすれば，フィックの法則から，

$$\text{at} \quad z = L \quad -D\frac{\partial C}{\partial z} = 0 \tag{2.59}$$

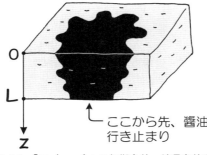

高野豆腐にかけた醬油は z 方向へジワジワとしみわたっていく

図 2.10　「マ（mass）」の初期条件・境界条件を考える

数学としては右辺がゼロなので，$-D$ はなくてもよくて，

$$\text{at} \quad z = L \quad \frac{\partial C}{\partial z} = 0 \tag{2.60}$$

この形だと物理的意味がわかりにくい。$-D$ を掛けてジワジワ質量流束が行き止まりのためゼロであることを確認してほしい。

　境界条件は私たちが設定するものだから，別の境界条件を考え出そう。高野豆腐の底面には当分の間，醬油が届かない。底面は上面に醬油がかかったことなど関知していない。すると，境界条件は，

$$\text{at} \quad z = L \quad C = 0 \tag{2.61}$$

醬油がかかってから当分の間は，これでよさそうだ。

へ の初期条件・境界条件

　へ（heat）の場面では，温度が T_0 の冷たいお尻に，突然，ホッカイロを当てた。直前にストップウォッチを使って時間を測り始めた。

$$\text{at} \quad t = 0 \quad T = T_0 \tag{2.62}$$

つぎの瞬間からお尻の面（$z=0$）に表面温度 T_s をもつホッカイロを当てたのだから，

$$\text{at} \quad z = 0 \quad T = T_s \tag{2.63}$$

　お尻の向こう側，すなわち体の前面に長い時間をかけてジワジワと熱が伝わってきても，パンツ前面には断熱材が編み

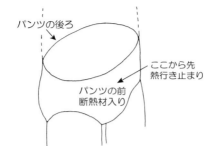

図 2.11 「へ (heat)」の初期条件・境界条件を考える

込まれていて熱はそこから外気へ逃げないと考える。行き止まりだ。奇妙なパンツだけれども許してほしい（図 2.11）。パンツ後面に断熱材があるとホッカイロが効かなくなる。パンツをはき違えると，「冷たいお尻に，突然，ホッカイロをつけても温まらず」になってしまう。

$$\text{at} \quad z = L \quad q_z = 0 \tag{2.64}$$

温度の表示にすれば，フーリエの法則から，

$$\text{at} \quad z = L \quad -k\frac{\partial T}{\partial z} = 0 \tag{2.65}$$

数学としては右辺がゼロなので，$-k$ はなくてもよくて，

$$\text{at} \quad z = L \quad \frac{\partial T}{\partial z} = 0 \tag{2.66}$$

この形だと物理的意味がわかりにくい。ジワジワ熱流束が行き止まりのためゼロであることを示している。

別の境界条件もありうる。体の前面には当分の間，熱が届かない。前面はホッカイロがお尻に貼られたことなどお尻，いやお知りになっていない。すると，境界条件は，

$$\text{at} \quad z = L \quad T = T_0 \tag{2.67}$$

ホッカイロを貼ってから当分の間は，これでかまわない。

㊰の初期条件・境界条件

モ（momentum）の場面では，静かな池底に，突然，たくさんのナマズが池の底に引かれたスタートラインから一斉に x 方向に動いた。動く直前にストップウォッチで時間を測り出した。フライングするナマズはいなかった。この池は透き通っているので水面からその様子を覗けたのだ。

$$\text{at} \quad t = 0 \quad v_x = 0 \tag{2.68}$$

つぎの瞬間からたくさんのナマズが池の底（$z=0$）で，一斉にズルズルとずっと動いてくれたのだから，

$$\text{at} \quad z = 0 \quad v_x = v_s \tag{2.69}$$

池のもう1つの縁である水面には，長い時間をかけてジワジワと運動量が伝わってくる。そこから先は空気だ。空気の粘度は水の粘度の1/50程度だ。肩すかしを喰らう。強引ながら，マとへに配慮して行き止まりと考えておこう。

$$\text{at} \quad z = L \quad \tau_{xz} = 0 \tag{2.70}$$

速さの表示にすれば，ニュートンの法則から，

第 2 章　つくるのがおもしろい偏微分方程式

$$\text{at} \quad z = L \quad -\mu \frac{\partial v_x}{\partial z} = 0 \tag{2.71}$$

数学としては右辺がゼロなので，$-\mu$ はなくてもよくて，

$$\text{at} \quad z = L \quad \frac{\partial v_x}{\partial z} = 0 \tag{2.72}$$

この形だと物理的意味がわかりにくい。ジワジワ運動量流束が行き止まりのためゼロという意味だ。

　当分の間，水面はナマズが動いたことは知る由もない。いや水が透き通っているから水面に映って知っていてもおかしくないが，それはそれ。すると，境界条件は，

$$\text{at} \quad z = L \quad v_x = 0 \tag{2.73}$$

ナマズが動いてから当分の間は，これでよさそうだ。

2–5 　無次元化とアナロジー

無次元化とは"基準値との比"で表すこと

　高野豆腐は製造会社によってサイズが違うだろう。味の付け方に関西風もあれば関東風もあるだろう。また，お尻には大人の大きなお尻もあれば子供の小さなお尻もある。ぷよぷよのお尻とごつごつのお尻もある。さらに，池には洗足池のようにそれなりに大きい池から自宅の庭につくった小さな池まである。透き通ったサラサラの水の池と濁ったドロドロの水の池もある（図 2.12）。

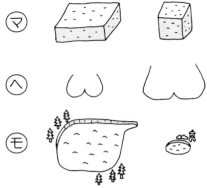

図 2.12　現実では，場のサイズや性質，初期条件，境界条件などさまざま

高野豆腐にかける醬油にも，キッコーマンもあればヤマサもある。お尻に当てる携帯カイロにはホッカイロだけでなくホカロンというブランドもある。池の底を動くナマズにも元気なナマズと疲れたナマズがいるはずだ。

このように，現実では，場のサイズや性質，初期条件，境界条件，みんなばらばらだ。This is 世の中。いちいちそれに偏微分方程式をたて，そして解くのはたいへんすぎる。泣きそうだ。なんとかしてほしい。

この悩みを一挙に解決できる手法がある。それは無次元化である。次元（単位といってもよい）を式からなくす作業をしよう。場のサイズに対応する距離，場の性質を反映する物性定数，そして濃度，温度，速度といった物理量の次元をなくしていくのである。それには基準値を用いる。それでは順にマの式から始めよう。

マの式の無次元化

まず，z 方向の距離は 0 から高野豆腐の厚み L の範囲で変化するのだから，この L を基準長さとすれば，

第 2 章　つくるのがおもしろい偏微分方程式

$$z = L\xi \tag{2.74}$$

と表せる。ξ（"グザイ"と読むギリシャ文字）は 0 から 1 の範囲で変化する。ξ を無次元距離と呼ぶ。L は高野豆腐の製造会社によって異なる。

つぎに，醬油濃度は 0 から C_s の範囲で変化するのだから，この C_s を基準濃度とすれば，

$$C = C_s \theta \tag{2.75}$$

と表せる。θ（"シータ"と読むギリシャ文字）は 0 から 1 の範囲で変化する。θ を無次元濃度と呼ぶ。C_s は醬油の製造会社によって薄口と濃口があるので異なる値をとる。

これらをマの偏微分方程式に代入してみる。それは時間を無次元化するためである。基準時間がこの時点ではわからないからだ。

$$\frac{\partial C}{\partial t} = D \frac{\partial^2 C}{\partial z^2}$$

$$\frac{\partial (C_s \theta)}{\partial t} = D \frac{\partial^2 (C_s \theta)}{\partial (L\xi)^2} \tag{2.76}$$

両辺から C_s が相殺される。

$$\begin{aligned}\frac{\partial \theta}{\partial t} &= D \frac{\partial^2 \theta}{\partial (L\xi)^2} \\ &= (D/L^2) \frac{\partial^2 \theta}{\partial \xi^2}\end{aligned} \tag{2.77}$$

左辺の分母 t と右辺の係数 (D/L^2) には単位がある。他の部分は単位をもたない。そこで、右辺の (D/L^2) を左辺に移して分母の t とくっつける。

$$\frac{\partial \theta}{\partial t} = (D/L^2)\frac{\partial^2 \theta}{\partial \xi^2}$$

$$\frac{\partial \theta}{\partial (Dt/L^2)} = \frac{\partial^2 \theta}{\partial \xi^2} \tag{2.78}$$

こうすると、他の部分に単位がないために左辺の分母 (Dt/L^2) は単位をもてなくなる。しめた。これが欲しかった。無次元時間 τ（"タウ"と読むギリシャ文字）と名付ける。

$$\tau = Dt/L^2 \tag{2.79}$$

この無次元時間 τ は、第1章で定義した運動量のジワジワ流束 τ とは関係ないので注意してほしい。"実"時間 t（無次元時間 τ に対して、ふつうの時間 t を強めるために"実"をつけた）は、

$$t = (L^2/D)\tau \tag{2.80}$$

基準時間は (L^2/D) であったわけだ。思い起こせば、拡散係数 D は面積の速さなので、長さ L の2乗を D で割れば時間の単位となる。ξ や θ とは違って、無次元時間 τ は0から1までの範囲にはない。時間の許す限り τ は続く。こうして得られるマ版の"無次元"型偏微分方程式は、

$$\frac{\partial \theta}{\partial \tau} = \frac{\partial^2 \theta}{\partial \xi^2} \tag{2.81}$$

マの無次元化が完成した。ヘもモも同じ調子で進める。

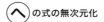の式の無次元化

それでは，ヘ版の無次元化。まず，z 方向の距離は，

$$z = L\xi \tag{2.82}$$

無次元距離 ξ は 0 から 1 の範囲で変化する。L はお尻の厚みなので人によってまちまちである。$\xi=0$ がお尻の面，$\xi=1$ が体の前面。

つぎに，温度は T_0 から T_s の範囲で変化するのだから，$(T_s - T_0)$ を基準温度とすれば，温度は，

$$T - T_0 = (T_s - T_0)\theta \tag{2.83}$$

と表せる。θ は 0 から 1 の範囲で変化する。無次元温度と呼ぶ。お尻が冷たいときが $\theta=0$ で，お尻がカイロの表面温度に達したときが $\theta=1$ となる。携帯カイロの製造会社によってカイロの表面温度 T_s に違いがあってよい。

最後に，"実"時間は無次元時間にマの面積速度にあたる拡散係数 D に代えて熱拡散係数 α（82 ページ）を使って，

$$t = (L^2/\alpha)\tau \tag{2.84}$$

これらを偏微分方程式に代入すると，途中は省略して，つぎのヘ版の"無次元"型偏微分方程式が得られる。

$$\frac{\partial \theta}{\partial \tau} = \frac{\partial^2 \theta}{\partial \xi^2} \tag{2.85}$$

㊥ の式の無次元化

最後に，モ版の無次元化。まず，z 方向の距離は，

$$z = L\xi \tag{2.86}$$

無次元距離 ξ が 0 から 1 の範囲で変化する。L は池の深さだ。浅くても深くてもよい。$\xi=0$ が池の底，$\xi=1$ が水面。

つぎに，速度は 0 から v_s の範囲で変化するのだから (v_s-0) すなわち v_s を基準速度とする。速度は，

$$v_x = v_s \theta \tag{2.87}$$

と表せる。θ は 0 から 1 の範囲で変化する。無次元速度と呼ぶ。ナマズがズルズルと一定のスピードで x 方向へ動いているとき $\theta=1$ である。ナマズの体調によってスピードは速くても遅くてもよい。

最後に，"実"時間は，無次元時間にマの面積速度 D に代えて運動量拡散係数（動粘度）ν（82 ページ）を使って，

$$t = (L^2/\nu)\tau \tag{2.88}$$

これらを偏微分方程式に代入すると，途中は省略して，つぎのモ版の "無次元" 型偏微分方程式が得られる。

$$\frac{\partial \theta}{\partial \tau} = \frac{\partial^2 \theta}{\partial \xi^2} \tag{2.89}$$

見事にマへモともに同一の式になった。ついでに初期条件も

第 2 章　つくるのがおもしろい偏微分方程式

境界条件も無次元化しておく。左辺を見れば初期条件は 1 つ必要。

$$\text{at} \quad \tau = 0 \quad \theta = 0 \tag{2.90}$$

右辺を見れば境界条件は 2 つ必要。1 つめは，

$$\text{at} \quad \xi = 0 \quad \theta = 1 \tag{2.91}$$

2 つめはつぎのどちらか。

$$\text{at} \quad \xi = 1 \quad \frac{\partial \theta}{\partial \xi} = 0 \text{ または } \theta = 0 \tag{2.92}$$

　こうして「○○な△△に，突然，□□」現象は，式，初期条件，境界条件とも"マヘモ"間で統一された。無次元化は魔法の手法だ。多様な現実を一群の式に閉じ込めてしまった。

"そうよ，マヘモは似ている"

　もうみなさんは気づいていると思う。私の文章の展開に飽きていると思う。紙と時間の無駄遣いだと思っている人さえいるかもしれない。書いている私もそう思うことがある。それはなぜか？　似ているからである。
「そうよ。"マヘモ"は似ている，初恋の人に。好きだった。でもそれはいけないことじゃないけど。言っちゃいけない。いまは，いまは"マヘモ"だけなの」*

---

* 『初恋の人に似ている』　作詞：北山修　作曲：加藤和彦
JASRAC 出 1910559-003

図 2.13　トワ・エ・モワ

というのは，トワ・エ・モワ（Toi et Moi）（図 2.13）という 2 人組のデュエットの歌『初恋の人に似ている』の一節である．

どのあたりから似てきているのかを探ってみる．

(1) 収支式が「入溜消出」
(2) 全流束がドヤドヤ流束とジワジワ流束との和
(3) ジワジワ流束が物理量の勾配に比例
(4) 現象「○○な△△に，突然，□□」
(5) 仮定（1）から（3）まで

似ているのである．違っているのは物理量が，濃度 C，温度 T，速度 v_x の違い，それに対応するジワジワ流束 J, q, τ，さらに場の物性定数 D, α, ν と違っているだけだ．逆に言うと，記号を変えるだけで他の現象を説明できるわけだ．

工学では，お互いに似ている関係を analogous と呼んでいる．アナロジー（analogy，類似）は重要な考え方である．3 つのことがすべてわかればそれぞれの理解が深まるというものだ．また，3 つのことを体験していなくても，1 つがわかっていれば話についていける．一石三鳥，一度食べたら 3 回おいしい．ラーメンを食べていて，麺，つゆ，そして焼豚までおいしかったという具合である．

2-6 キュウリとスイカを冷蔵庫で冷やす

 キュウリは細長し,スイカは丸し

暑い夏には冷や奴だ。ビールのつまみには"もろキュウ"だ。デザートにはスイカだ。どれも冷蔵庫で冷やしておかないとおいしくない。冷や奴は四角い,キュウリは細長い,スイカは丸い。世の中四角いものばかりではない。偏微分方程式を四角い形に合う直角座標だけをあてはめてつくっていては芸がない。細長いキュウリや丸いスイカを冷蔵庫内で冷やすのに要する時間を見積もるには,偏微分方程式をたてるしかない(図2.14)。

キュウリやスイカの芯に温度計を突き刺すわけにもいかないのだ。「冷たくないキュウリを,突然,冷蔵庫へ」と「冷たくないスイカを,突然,冷蔵庫へ」を偏微分方程式によって表して,それを適当な初期条件,境界条件のもとで解いて,内部(例えば,キュウリなら中心軸,スイカなら中心)の温度が,冷蔵庫に収納されてから,時々刻々下がっていく様子を計算したい。

モデリングのための仮定をまとめて挙げる。

(1) 収支式「入溜消出」の「消」の項はゼロとする。

図2.14 冷蔵庫でスイカやキュウリを冷やすのにかかる時間は?

(2) キュウリもスイカも内部は固体とみなせるので,ジワジワ熱流束だけが起きている。
(3) キュウリ,スイカとも皮の部分も内部と同じジワジワ熱流束の式で表せる。これは皮の効果を無視することに等しい。
(4) キュウリはたいへん長いので,熱は両端から逃げていかない。これなら,円柱座標でr方向だけを考えれば済む。

細長いキュウリの冷え方

まず,もろキュウ用のキュウリを冷やす場面。もちろん円柱座標を採用する。中心軸から放射方向にr座標を設定する。微小体積はrと$r+\Delta r$に挟まれた部分となる。キュウリの長さはLである。中心軸からr方向に,小さなゴツゴツのある緑のキュウリの皮を突き抜けて冷蔵庫の冷気へ熱が逃げていく(図2.15)。

ジワジワ熱流束の方向はrの正の方向に一致している。時間tと$t+\Delta t$の間での熱の収支をとる。円柱座標での微

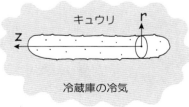

図2.15 キュウリの冷え方を考える

中心軸からr方向にキュウリ内部の熱が逃げていく

第 2 章　つくるのがおもしろい偏微分方程式

小体積のことは 32 ページ以降を読み返してほしい。

入：$q_r|_r (2\pi r L) \Delta t$　[J]
溜：$(2\pi r L \Delta r)(\rho C_\mathrm{p})(T|_{t+\Delta t} - T|_t)$　[J]
消：ゼロ　[J] (2.93)
出：$q_r|_{r+\Delta r}\{2\pi(r+\Delta r)L\}\Delta t$　[J]

溜の項に登場する $(2\pi r L \Delta r)(\rho C_\mathrm{p})$ は，キュウリの微小体積を 1℃ 上げるのに必要な熱量をさす。そこで，収支式は，

$$q_r|_r (2\pi r L) \Delta t - (2\pi r L \Delta r)(\rho C_\mathrm{p})(T|_{t+\Delta t} - T|_t) - 0$$
$$= q_r|_{r+\Delta r}\{2\pi(r+\Delta r)L\}\Delta t \tag{2.94}$$

微分コンシャスしながら，この式を変形する。

$$-(2\pi r L \Delta r)(\rho C_\mathrm{p})(T|_{t+\Delta t} - T|_t)$$
$$= q_r|_{r+\Delta r}\{2\pi(r+\Delta r)L\}\Delta t - q_r|_r (2\pi r L) \Delta t \tag{2.95}$$

ここからの変形手順に，"固定"式と"連動"式という 2 通りがある。銀行からローンで大金を借りるときに，固定金利または連動金利を選ぶのに似ている。

(1) "固定"式：$|_r$ そして $|_{r+\Delta r}$ をその直前の文字 q だけに固定したまま変形を続けるやり方
(2) "連動"式：$|_r$ そして $|_{r+\Delta r}$ をその周囲の r や $r+\Delta r$ と連動させてから，変形を続けるやり方

まず，式 (2.95) の右辺だけ取り上げて愚直に **"固定"式**の変形。

$$q_r|_{r+\Delta r}\{2\pi(r+\Delta r)L\}\Delta t - q_r|_r (2\pi r L) \Delta t$$

$$= (2\pi r L)\,\Delta t\,(q_r|_{r+\Delta r} - q_r|_r) + (2\pi\,\Delta r\,L)\,\Delta t\,q_r|_{r+\Delta r} \tag{2.96}$$

そこで,式 (2.95) は,

$$-(2\pi r L\,\Delta r)(\rho C_\mathrm{p})(T|_{t+\Delta t} - T|_t)$$
$$= (2\pi r L)\,\Delta t\,(q_r|_{r+\Delta r} - q_r|_r) + (2\pi\,\Delta r\,L)\,\Delta t\,q_r|_{r+\Delta r} \tag{2.97}$$

キュウリの微小体積 $(2\pi r L\,\Delta r)$,さらに微小時間 Δt で両辺を割ると,

$$-(\rho C_\mathrm{p})\frac{T|_{t+\Delta t} - T|_t}{\Delta t} = \frac{q_r|_{r+\Delta r} - q_r|_r}{\Delta r} + \frac{1}{r}q_r|_{r+\Delta r} \tag{2.98}$$

Δr, Δt を無限小にすると,

$$-(\rho C_\mathrm{p})\frac{\partial T}{\partial t} = \frac{\partial q_r}{\partial r} + \frac{1}{r}q_r \tag{2.99}$$

$q_r|_{r+\Delta r}$ は Δr がゼロに近づくと q_r になる。

ここのジワジワ熱流束 q_r にフーリエの法則をあてはめるとキュウリの温度分布を表す偏微分方程式が誕生する。

$$-(\rho C_\mathrm{p})\frac{\partial T}{\partial t} = \frac{\partial\left(-k\dfrac{\partial T}{\partial r}\right)}{\partial r} + \frac{1}{r}\left(-k\frac{\partial T}{\partial r}\right) \tag{2.100}$$

マイナス符号を取り去る。そして,キュウリの内部が実と種と水と空気からできているということを含めて,キュウリの熱伝導度 k が r 方向の距離に依らずに一定値であるとする。そうしないと解きにくくなる。さらに熱拡散係数 $\alpha =$

$k/(\rho C_{\mathrm{p}})$ であることを思い出して,

$$\frac{\partial T}{\partial t} = \alpha \left(\frac{\partial^2 T}{\partial r^2} + \frac{1}{r}\frac{\partial T}{\partial r} \right) \tag{2.101}$$

つぎに,式(2.95)の右辺だけ取り上げてスマートに**"連動"式**の変形。

$$\begin{aligned} & q_r|_{r+\Delta r}\{2\pi(r+\Delta r)L\}\Delta t - q_r|_r(2\pi r L)\Delta t \\ &= (r\,q_r)|_{r+\Delta r}(2\pi L)\Delta t - (r\,q_r)|_r(2\pi L)\Delta t \end{aligned} \tag{2.102}$$

ここのところの変形が"ミソ"である。( )を使って r と q_r を連動させている。$(r\,q_r)$ とくくって,$r=r$ での値,$r=r+\Delta r$ での値とする工夫だ。

$$\begin{aligned} & (r\,q_r)|_{r+\Delta r}(2\pi L)\Delta t - (r\,q_r)|_r(2\pi L)\Delta t \\ &= \{(r\,q_r)|_{r+\Delta r} - (r\,q_r)|_r\}(2\pi L)\Delta t \end{aligned} \tag{2.103}$$

そこで,式(2.95)は,

$$\begin{aligned} & -(2\pi r L \Delta r)(\rho C_{\mathrm{p}})(T|_{t+\Delta t} - T|_t) \\ &= \{(r\,q_r)|_{r+\Delta r} - (r\,q_r)|_r\}(2\pi L)\Delta t \end{aligned} \tag{2.104}$$

キュウリの微小体積 $(2\pi r L \Delta r)$,さらには微小時間 Δt で両辺を割ると,

$$-(\rho C_{\mathrm{p}})\frac{T|_{t+\Delta t} - T|_t}{\Delta t} = \frac{1}{r}\left\{\frac{(rq_r)|_{r+\Delta r} - (rq_r)|_r}{\Delta r}\right\} \tag{2.105}$$

$\Delta r, \Delta t$ を無限小にすると,

$$-(\rho C_\mathrm{p})\frac{\partial T}{\partial t} = \frac{1}{r}\frac{\partial (rq_r)}{\partial r} \tag{2.106}$$

フーリエの法則をあてはめ,さらに熱拡散係数 α を使って,

$$\frac{\partial T}{\partial t} = \alpha\left\{\frac{1}{r}\frac{\partial\left(r\frac{\partial T}{\partial r}\right)}{\partial r}\right\} \tag{2.107}$$

右辺の分子は,r と $\dfrac{\partial T}{\partial t}$ との掛け算なので,掛け算の微分の公式に従って微分すると,

$$\frac{1}{r}\frac{\partial\left(r\frac{\partial T}{\partial r}\right)}{\partial r} = \frac{1}{r}\left(\frac{\partial T}{\partial r} + r\frac{\partial^2 T}{\partial r^2}\right) = \frac{1}{r}\frac{\partial T}{\partial r} + \frac{\partial^2 T}{\partial r^2} \tag{2.108}$$

第1項と第2項の順序を入れ替えると,"固定"式の変形によって得られた偏微分方程式 (2.101) と同一になった。よかった。よかった。

$$\frac{\partial T}{\partial t} = \alpha\left(\frac{\partial^2 T}{\partial r^2} + \frac{1}{r}\frac{\partial T}{\partial r}\right) \tag{2.109}$$

キュウリ冷やしの解析にはその形に合わせて円柱座標を採用した。冷や奴なら四角いから直角座標を採用した(図2.16)。うすべったい冷や奴冷やしの解析の式は,

$$\frac{\partial T}{\partial t} = \alpha\frac{\partial^2 T}{\partial z^2} \tag{2.110}$$

になる。z は冷や奴の深さ方向の距離である。式 (2.49) 風

第 2 章　つくるのがおもしろい偏微分方程式

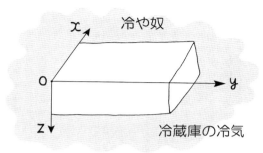

図 2.16　冷や奴の冷え方を考える

z は冷や奴の深さ方向。直角座標を用いて考える

に記号■を使って書き直すと，

$$\text{冷や奴：} \quad \frac{\partial \blacksquare}{\partial t} = K \frac{\partial^2 \blacksquare}{\partial z^2}$$

$$\text{キュウリ：} \frac{\partial \blacksquare}{\partial t} = K \left(\frac{\partial^2 \blacksquare}{\partial r^2} + \frac{1}{r} \frac{\partial \blacksquare}{\partial r} \right) \quad (2.111)$$

キュウリのこの式は"円柱座標内でつくった放物型偏微分方程式"である。$\frac{1}{r}\frac{\partial \blacksquare}{\partial r}$ が r の増加とともに拡がっている円柱の形の補正分なのだとわかる。

🐚 丸いスイカの冷え方

つぎに，デザート用のスイカを冷やす場面。もちろん球座標を採用する。スイカの中心から放射方向に r 座標を設定する。微小体積は r と $r+\Delta r$ に挟まれた部分となる。中心から r 方向に，緑の黒縦縞模様のスイカの皮を突き抜けて冷

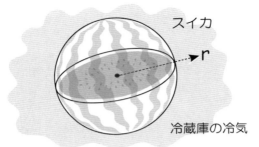

図 2.17 丸いスイカの冷え方を考える

中心から放射方向 r にスイカ内部の熱が逃げていく

蔵庫の冷気へ熱が逃げていく（図 2.17）。ジワジワ熱流束の方向は r の正の方向に一致している。時間 t と $t+\Delta t$ の間での熱の収支をとる。

入：$q_r|_r (4\pi r^2) \Delta t$ 〔J〕
溜：$(4\pi r^2 \Delta r)(\rho C_{\mathrm{p}})(T|_{t+\Delta t} - T|_t)$ 〔J〕 (2.112)
消：ゼロ 〔J〕
出：$q_r|_{r+\Delta r}\{4\pi(r+\Delta r)^2\} \Delta t$ 〔J〕

溜の項に登場する $(4\pi r^2 \Delta r)(\rho C_{\mathrm{p}})$ は，スイカの微小体積を 1 ℃ 上げるのに必要な熱量をさす。そこで，収支式は，

$$q_r|_r (4\pi r^2) \Delta t - (4\pi r^2 \Delta r)(\rho C_{\mathrm{p}})(T|_{t+\Delta t} - T|_t) - 0$$
$$= q_r|_{r+\Delta r}\{4\pi(r+\Delta r)^2\} \Delta t \quad (2.113)$$

微分コンシャスしながら，この式を変形する。

$$-(4\pi r^2 \Delta r)(\rho C_{\mathrm{p}})(T|_{t+\Delta t} - T|_t)$$
$$= q_r|_{r+\Delta r}\{4\pi(r+\Delta r)^2\} \Delta t - q_r|_r (4\pi r^2) \Delta t \quad (2.114)$$

第 2 章　つくるのがおもしろい偏微分方程式

キュウリ冷やしのときと同じように 2 通りの変形を施そう。まず，右辺だけ取り上げて愚直に **"固定"式**の変形。

$$q_r|_{r+\Delta r}\{4\pi(r+\Delta r)^2\}\Delta t - q_r|_r(4\pi r^2)\Delta t$$
$$= (4\pi r^2)\Delta t(q_r|_{r+\Delta r} - q_r|_r) + 4\pi\{2r\Delta r + (\Delta r)^2\}\Delta t\, q_r|_{r+\Delta r}$$
(2.115)

そこで，式（2.114）は，

$$-(4\pi r^2 \Delta r)(\rho C_{\mathrm{p}})(T|_{t+\Delta t} - T|_t)$$
$$= (4\pi r^2)\Delta t(q_r|_{r+\Delta r} - q_r|_r) + 4\pi\{2r\Delta r + (\Delta r)^2\}\Delta t\, q_r|_{r+\Delta r}$$
(2.116)

スイカの微小体積 $(4\pi r^2 \Delta r)$，さらには微小時間 Δt で両辺を割ると，

$$-(\rho C_{\mathrm{p}})\frac{T|_{t+\Delta t} - T|_t}{\Delta t} = \frac{q_r|_{r+\Delta r} - q_r|_r}{\Delta r} + \left(\frac{2}{r} + \frac{\Delta r}{r^2}\right)q_r|_{r+\Delta r}$$
(2.117)

$\Delta r, \Delta t$ を無限小にすると，

$$-(\rho C_{\mathrm{p}})\frac{\partial T}{\partial t} = \frac{\partial q_r}{\partial r} + \frac{2}{r}q_r$$
(2.118)

Δr がゼロに近づくと，$q_r|_{r+\Delta r}$ は q_r になる。また，$\dfrac{\Delta r}{r^2}$ の項はゼロに近づく。

ここのジワジワ熱流束 q_r にフーリエの法則をあてはめるとスイカの温度分布を表す偏微分方程式が誕生する。

$$-(\rho C_{\mathrm{p}})\frac{\partial T}{\partial t} = \frac{\partial\left(-k\dfrac{\partial T}{\partial r}\right)}{\partial r} + \frac{2}{r}\left(-k\frac{\partial T}{\partial r}\right) \quad (2.119)$$

マイナス記号を取り去る。そして，スイカの内部が赤い実と黒い種と水と空気からできているということを含めて，スイカの熱伝導度 k が r 方向の距離に依らずに一定値であるとする。そうしないと解きにくくなる。さらに熱拡散係数 α のことを思い出して，

$$\frac{\partial T}{\partial t} = \alpha\left(\frac{\partial^2 T}{\partial r^2} + \frac{2}{r}\frac{\partial T}{\partial r}\right) \quad (2.120)$$

つぎに，式 (2.114) の右辺だけ取り上げてスマートな**"連動"式**の変形。

$$\begin{aligned}q_r|_{r+\Delta r}\{4\pi(r+\Delta r)^2\}\Delta t - q_r|_r(4\pi r^2)\Delta t \\ = (r^2 q_r)|_{r+\Delta r}(4\pi)\Delta t - (r^2 q_r)|_r(4\pi)\Delta t \quad (2.121)\end{aligned}$$

ここのところの変形が"ミソ"である。（　）を使って r^2 と q_r を連動させている。$(r^2 q_r)$ とくくって，$r=r$ での値，$r=r+\Delta r$ での値とする工夫だ。

$$\begin{aligned}(r^2 q_r)|_{r+\Delta r}(4\pi)\Delta t - (r^2 q_r)|_r(4\pi)\Delta t \\ = \{(r^2 q_r)|_{r+\Delta r} - (r^2 q_r)|_r\}(4\pi)\Delta t \quad (2.122)\end{aligned}$$

そこで，式 (2.114) は，

$$\begin{aligned}-(4\pi r^2 \Delta r)(\rho C_{\mathrm{p}})(T|_{t+\Delta t} - T|_t) \\ = \{(r^2 q_r)|_{r+\Delta r} - (r^2 q_r)|_r\}(4\pi)\Delta t \quad (2.123)\end{aligned}$$

第 2 章 つくるのがおもしろい偏微分方程式

スイカの微小体積 ($4\pi r^2 \Delta r$),さらに微小時間 Δt で両辺を割ると,

$$-(\rho C_{\mathrm{p}})\frac{T|_{t+\Delta t}-T|_t}{\Delta t} = \frac{1}{r^2}\frac{(r^2 q_r)|_{r+\Delta r}-(r^2 q_r)|_r}{\Delta r} \quad (2.124)$$

$\Delta r, \Delta t$ を無限小にすると,

$$-(\rho C_{\mathrm{p}})\frac{\partial T}{\partial t} = \frac{1}{r^2}\frac{\partial (r^2 q_r)}{\partial r} \quad (2.125)$$

フーリエの法則をあてはめ,さらには熱拡散係数 α を使って,

$$\frac{\partial T}{\partial t} = \alpha \left\{ \frac{1}{r^2}\frac{\partial \left(r^2 \dfrac{\partial T}{\partial r}\right)}{\partial r} \right\} \quad (2.126)$$

右辺の分子は,r^2 と $\dfrac{\partial T}{\partial t}$ との掛け算なので,微分してみると,

$$\alpha \left\{ \frac{1}{r^2}\frac{\partial \left(r^2 \dfrac{\partial T}{\partial r}\right)}{\partial r} \right\} = \alpha \frac{1}{r^2}\left(2r\frac{\partial T}{\partial r} + r^2\frac{\partial^2 T}{\partial r^2}\right)$$

$$= \alpha \left(\frac{2}{r}\frac{\partial T}{\partial r} + \frac{\partial^2 T}{\partial r^2}\right) \quad (2.127)$$

第 1 項と第 2 項の順序を入れ替えると,"固定"式の変形によって得られた偏微分方程式(2.120)と同一になった。

$$\frac{\partial T}{\partial t} = \alpha \left(\frac{\partial^2 T}{\partial r^2} + \frac{2}{r}\frac{\partial T}{\partial r}\right) \quad (2.128)$$

式(2.49)風に記号■を使って書き直すと,

冷や奴： $\quad \dfrac{\partial \blacksquare}{\partial t} = K \dfrac{\partial^2 \blacksquare}{\partial z^2}$

キュウリ： $\dfrac{\partial \blacksquare}{\partial t} = K\left(\dfrac{\partial^2 \blacksquare}{\partial r^2} + \dfrac{1}{r}\dfrac{\partial \blacksquare}{\partial r}\right)$ (2.129)

スイカ： $\quad \dfrac{\partial \blacksquare}{\partial t} = K\left(\dfrac{\partial^2 \blacksquare}{\partial r^2} + \dfrac{2}{r}\dfrac{\partial \blacksquare}{\partial r}\right)$

スイカのこの式は"球座標内でつくった放物型偏微分方程式"である。$\dfrac{2}{r}\dfrac{\partial \blacksquare}{\partial r}$ が r の増加とともに拡がっている球の補正分だとわかる。キュウリよりスイカの拡がり方が急なので $\dfrac{1}{r}$ から $\dfrac{2}{r}$ へ変わった。しかしながら，形に合わせて座標を変えても，マヘモの濃度，温度，速度という物理量がジワジワ移動する現象に変わりがないのだから，それを表現する数式にもそれほどの大きな変化は生じないのはもっともなことだ。

第2章のまとめ

　偏微分方程式をじっくりと学ぶには場面をたっぷりと思い浮かべることが重要である。そうでないと，無味乾燥になっておもしろくない。だから，この本では場面の状況説明に多くの紙面を割いている。他の本ならこの章は3ページで済ませるだろう。

　偏微分方程式の型として重要なものには，放物型のほかに**楕円型**（elliptic），そして**双曲型**（または**双曲線型**，

hyperbolic)がある．$\frac{\partial \blacksquare}{\partial t} = K\frac{\partial^2 \blacksquare}{\partial z^2}$ という偏微分方程式を放物線の式 $y=ax^2$ になぞらえて放物型と呼んだのと同じパターンで，楕円型偏微分方程式（楕円の式 "$x^2+ay^2=$定数" に似ている）は，

$$\frac{\partial^2 \blacksquare}{\partial x^2} + K\frac{\partial^2 \blacksquare}{\partial y^2} = 0 \qquad (2.130)$$

双曲型偏微分方程式（双曲線の式 "$x^2-ay^2=$ 定数" に似ている）は，

$$\frac{\partial^2 \blacksquare}{\partial t^2} - K\frac{\partial^2 \blacksquare}{\partial x^2} = 0 \qquad (2.131)$$

というものである．これですべてではない．ほんの一部だ．むしろ，これらは解き方が確立された偏微分方程式の型式なのである．

　私が最も愛する偏微分方程式は放物型である．これは非定常現象を表現する式である．世の中，つぎからつぎへと移り変わっている．「祇園精舎の鐘の声，諸行無常の響(ひびき)あり」という『平家物語』の世界である．濃度，温度，そして速度といった物理量が，時間が経つにつれて空間に溜まる（増えることも，減ることもある）現象に，放物型偏微分方程式が登場する．もっと具体的に言えば，「入溜消出」で消がゼロで，入と出がジワジワ流束ならば放物型になる．そこには，勾配三人衆（フィック，フーリエ，ニュートン）が見つけた法則が役立った．

　ジワジワ流束しか考えなくてよい場は固体（solid）である．ドヤドヤ流束がないというのだから動かない場

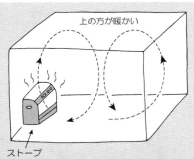

図 2.18 ストーブで部屋を暖めるときの自然対流
暖まった空気は軽くなって上へ移動し,自然対流(ナチュラルなドヤドヤ)が生じる

だ。高野豆腐,お尻,淀んだ池,冷や奴,キュウリ,スイカ。みんな固体とみなした。動く場すなわち流体(fluid)には気体(gas)と液体(liquid)とがある。流体中でジワジワだけを起こすのはむずかしい。例えば,空気をジワジワと暖めるとその空気が軽くなって,上部の空気と入れ替わろうとして流れが生じる(図2.18)。この流れが自然対流(ナチュラルなドヤドヤ)である。そんなわけで,流体中ではジワジワ流束だけでは乗り切れない。

現象が複雑だから解析をやめておこうという姿勢では情けない。そこにモデルをたて単純化して,「近似にすぎない」と言われても現象を表現する式をつくって解析しようとする。これがポジティブな生き方である。このときに設定した仮定をしっかりと整理しておくと,その式を解いて得た解の精度や限界が見えていることになる。どこまでがわかっているこ

と(だいじょうぶ)で,どこからがわかっていないこと(危ない)かを知ることが学問の神髄であると,私はだれかに教わった。

　アナロジーからアイデアが生まれる。マヘモという互いに analogous な現象を知っておくと視野が拡がる。英単語 simple を1つだけ覚えるだけでなく,simplify, simplification と派生語を覚えていくと応用力がつくというようなものだ。

第 **3** 章

つくるのがたいへんな
偏微分方程式

3-1 │ 「消」がゼロでない収支式

🐚 より現実に近づきたい

　さまざまなマヘモ現象について，微小空間と微小時間内での物理量の収支を「入 溜 消 出」の原則に従って書き出せば偏微分方程式がつくれますと，立派なことを言った。それなのに，前章では，消項はいつもゼロにしていたし，空間座標は1つだけ採用していたし，全流束はジワジワ流束だけに限定していた。消項がゼロだから，空間内で化学反応が起きたわけではないし，だから反応に伴う熱も出なかったし，外圧や重力も加わらなかった。空間座標は1つだけ，たとえば直角座標ならz方向，円柱や球座標ならr方向だけについてしか，マヘモ物理量の分布を考えなかった。さらには，場が流

速をもってドヤドヤと流れていたわけでもないので，物理量の移動は，その物理量の勾配に従うジワジワ流束だけによって表現されるとしていたのである。

　要するに第2章では，現実から離れた，きれいな場面を描く偏微分方程式をつくっていたわけだ。その方がわかりやすい，解きやすいという事情があった。でも現実はそうではない。きれいごとでは済まない。複雑に絡まっているのが世の中だ。こちらを立てればあちらが立たずという具合だ。そこで，この章では，まず，消項がゼロでない具体的な場面について収支をとる。つぎに，一般的な収支式を直角座標と円柱座標内でつくる。さらに，「入溜消出」による収支ではこの世のすべての現象を解析できるわけではないことに，いまさらながら触れる。

🪭 中華料理屋で「入溜消出」

　私が以前通勤に利用していた駅の改札口から30秒ほどのところに，中華料理のチェーン店があった。8人ほどが座れるカウンターだけの細長い店だ。カウンターに座ると料理法のすべてを見ることができる透明度の高い店である（図3.1）。アブラムシが這っていたら，あるいはこぼれた具を元に戻していたら，お客さんに見えてしまう。だから，衛生には特に気をつけているようだ。少なくとも私はアブラムシや具戻しを目撃したことはない。

　私はその店のチャーハンが好きである。味がいいのに加えて，その調理法の豪快さがカウンターから見ていて楽しい。家庭ではお目にかかれない大きな中華鍋が，火力の強いガス

第 3 章　つくるのがたいへんな偏微分方程式

図 3.1　中華料理屋で気づいた熱流束

コンロの上に無造作に置かれる。火はぼうぼうと中華鍋の縁からはみ出している。そこへご飯と具が投げ入れられる。中華鍋の把手(とって)を若い料理人さんがタイミングを見計らって激しく振ると，鍋の内側でご飯と具が見事に舞い上がる。この舞がしばらく続く。

　私はカウンターで口を開けて見ている。料理人さんが手を止めると，こんどは丸いお玉の外面を使ってご飯と具を強く鍋の内側に押さえつける。それから，そのお玉の内面にチャーハンがすり切りいっぱいに掬(すく)い取られる。そういえばご飯の量をはじめに計量器に載せて量っていた。皿に盛られたチャーハンが私の前にやってくる。スープがついてくるのでありがたい。

　把手の部分はあの強火でさぞ熱いだろうと私は勝手に心配していた。把手は金属製で全体が重くならないように中空になっている。把手の鍋への取り付け部分から料理人さんが握るもう一方の端へ温度が伝わって，把手の長さ方向に温度分

117

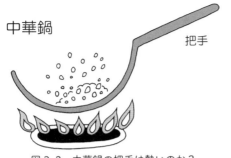

図 3.2 中華鍋の把手は熱いのか？

布が生じる。把手には店内の空気が当たるので，把手の表面から熱が空気中へ逃げていく（図 3.2）。

この空気中へ逃げる熱流束は，表面温度と空気温度の差に比例するという法則がある。この法則には**ニュートンの冷却**（cooling）**則**という名前がついている。ニュートンさんがチャーハン好きであったかは不明である。比例記号 $\propto$ を使って式で表すと，

$$\text{空気中へ逃げる熱流束 } [\text{J}/(\text{m}^2\,\text{s})] \propto T - T_a \quad (3.1)$$

ということ。両辺を等号で結ぶために比例定数を h として，

$$\text{空気中へ逃げる熱流束} = h(T - T_a) \quad (3.2)$$

と書こう。この比例定数 h を**熱伝達係数**（heat-transfer coefficient）と呼ぶ。係数 h の単位は両辺の単位から計算すると $\text{J}/(\text{m}^2\,\text{s}\,℃)$ になる。ここでは店の空調設備がうまく配置されていて，店のたいていの位置の空気温度 T_a は一定に保たれているとしよう。

それでは中華鍋の把手の長さ方向の温度分布を偏微分方程式を使って表現しよう。把手は断面積（半径 R）一定の丸い棒とする。棒は均一な材質の金属でできている（実際には，中空になっている）。温度は長さ方向にだけ分布している

第3章 つくるのがたいへんな偏微分方程式

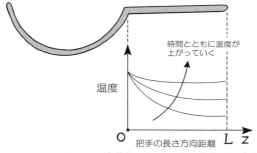

図 3.3 中華鍋の把手の長さ方向の温度分布

（実際には，強火が下から当たっているので，下の方が温度は高い。よって円周方向にも温度の分布がある）。このカッコの中の"実際には……"の件は，今回はモデリングのため無視してほしい。お客さんがいなかった店に私が入ってきて，「チャーハンお願いします」と注文するやいなや料理人さんは中華鍋を火にかざした。したがって，この現象は非定常である。非定常だから，時間が経つにつれて把手の温度がそれぞれの位置でだんだんと上がっていく（図3.3）。

おなじみジワジワ熱流束は q で表す。把手の中華鍋への取り付け部分を $z=0$，料理人さんの握る側に向かって z 軸をとる。z と $z+\Delta z$ とに挟まれた微小空間で，t と $t+\Delta t$ との微小時間内で「入溜消出」の熱収支をとる。単位は J である。

入： $q_z|_z (\pi R^2) \Delta t$ 　[J] 　　　　　　　　　　(3.3)
溜： $(T|_{t+\Delta t} - T|_t)(\rho C_p)(\pi R^2 \Delta z)$ 　[J] 　(3.4)
消： $h(T - T_a)(2\pi R \Delta z) \Delta t$ 　[J] 　　　　(3.5)

ここで，$(2\pi R \Delta z)$ は微小空間の外部（ここでは店内の空気）との接触面積である。🈴は，🈶と同様に，縦棒 | の右が $z+\Delta z$ に変わるだけで，

$$\text{🈴}: q_z|_{z+\Delta z}(\pi R^2)\Delta t \quad [\text{J}] \tag{3.6}$$

である。したがって，「入溜消出」をつないで数式に乗せると，

$$q_z|_z(\pi R^2)\Delta t - (T|_{t+\Delta t}-T|_t)(\rho C_\text{p})(\pi R^2 \Delta z) \\ -h(T-T_\text{a})(2\pi R \Delta z)\Delta t = q_z|_{z+\Delta z}(\pi R^2)\Delta t \tag{3.7}$$

という収支式を得る。ここで，おなじみの"ビブコン（微分コンシャス）"（72 ページ）を行う。すなわち，ここでは，

$$\frac{T|_{t+\Delta t}-T|_t}{\Delta t} \tag{3.8}$$

$$\frac{q_z|_{z+\Delta z}-q_z|_z}{\Delta z} \tag{3.9}$$

をつくることを意識して，式（3.7）を変形していく。

$$-(T|_{t+\Delta t}-T|_t)(\rho C_\text{p})(\pi R^2 \Delta z)-h(T-T_\text{a})(2\pi R \Delta z)\Delta t \\ = (q_z|_{z+\Delta z}-q_z|_z)(\pi R^2)\Delta t \tag{3.10}$$

"ビブコン"をするには，微小体積 $(\pi R^2 \Delta z)$，さらには微小時間 Δt で両辺を割って，

$$-(\rho C_\text{p})\frac{T|_{t+\Delta t}-T|_t}{\Delta t}-\frac{2h}{R}(T-T_\text{a})=\frac{q_z|_{z+\Delta z}-q_z|_z}{\Delta z} \tag{3.11}$$

のようにする。そして Δz, Δt を無限小にして，

$$-(\rho C_\mathrm{p})\frac{\partial T}{\partial t}-\frac{2h}{R}(T-T_\mathrm{a})=\frac{\partial q_z}{\partial z} \qquad (3.12)$$

を得る。右辺のジワジワ熱流束 q_z は，フーリエの法則（53ページ）により次のように書き直せる。

$$-(\rho C_\mathrm{p})\frac{\partial T}{\partial t}-\frac{2h}{R}(T-T_\mathrm{a})=\frac{\partial\left(-k\dfrac{\partial T}{\partial z}\right)}{\partial z} \qquad (3.13)$$

チャーハンをつくる中華鍋の把手の金属の熱伝導率 k が温度に依らない，すなわち長さ方向に一定であるとして，さらに式の係数のマイナスを少なくして式を見やすくすると，

$$(\rho C_\mathrm{p})\frac{\partial T}{\partial t}+\frac{2h}{R}(T-T_\mathrm{a})=k\frac{\partial^2 T}{\partial z^2} \qquad (3.14)$$

となる。式（3.14）は，把手の温度 T が，中華鍋の把手の長さ方向の距離 z，チャーハンを調理し始めてからの時間 t によって決まるということを示す式である。この本で初めて「入溜消出」のすべての項が入っている偏微分方程式ができ上がった。

式（3.14）は，t について1階，z について2階の偏微分方程式なので，初期条件が1つ，境界条件が2つ必要である。初期条件としては，チャーハンの注文を受ける瞬間（$t=0$）までの中華鍋の把手の温度は一様に一定値 T_0 であるとする。境界条件は，ガスコンロの火の中に中華鍋を置くから把手の鍋への取り付け部分（$z=0$）は温度 T_1 で一定，そして把

手の先端（$z=L$）にはやけどしないように断熱材が巻いてあるとする。こうなると，初期条件と境界条件は，

初期条件：　　　　　　at　$t=0$　　　$T=T_0$　　　(3.15)
境界条件　その1：at　$z=0$　　　$T=T_1$　　　(3.16)
境界条件　その2：at　$z=L$　　　$q_z=-k\dfrac{\partial T}{\partial z}=0$
$$(3.17)$$

と書ける。ここで，$q_z=0$ とは断熱材が巻いてあるためにジワジワ流束が断たれている，すなわち熱が行き止まりで移動できないことを意味している。

3-2 直角座標での収支の一般式

● サイコロキャラメルの中の収支

　それでは，中華鍋の熱伝導に限らず，物理量の収支を一般的に表す式を，いつもの「入溜消出」を使って一気につくっていこう。場に持ち込む座標には，イメージをつかみやすい直角座標を採用する。図3.4のように，直角座標 (x,y,z) 内にたいへん小さなサイコロキャラメルが浮かんでいると考える。この微小サイコロキャラメルに，6つの面を通って質量流束，熱流束，そして運動量流束が出入りしている。

　また，その内部でなんらかの反応が起き，それに伴って反応熱が発生し，それとは別に圧力や重力も加わっているとしよう。このような単純でない状況で，濃度 C，温度 T，速度 $\boldsymbol{v}$ は時空（時間と直角座標）の中でどのように振る舞うのだ

第3章 つくるのがたいへんな偏微分方程式

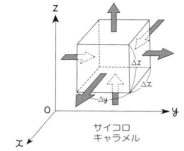

直角座標に浮かんでいるサイコロキャラメル。6つの面から、質量流束、熱流束、運動量流束が出入りしている

図3.4 微小立方体での物理量の収支を考える

ろうか。「入溜消出」の収支をとることにより，$C, T, \bm{v}$ が従う偏微分方程式を見つけ出そう。

図3.4に示すように，微小サイコロキャラメルの一つの端の点の座標を (x, y, z) とすると，その対角線上に位置する端の点の座標は $(x+\Delta x, y+\Delta y, z+\Delta z)$ となる。したがって，微小サイコロキャラメルの各辺の長さは，$\Delta x, \Delta y, \Delta z$ である。x 方向の流束と対面する微小サイコロキャラメルの面積は $\Delta y \Delta z$，y 方向なら $\Delta z \Delta x$，z 方向なら $\Delta x \Delta y$ である。

この微小サイコロキャラメルについて「入溜消出」の収支をとる。マヘモの順番に進めよう。まず，マの質量流束 [kg/(m²s)] には，ドヤドヤ流束とジワジワ流束との和である全流束 $\bm{N} = (N_x, N_y, N_z)$ を使う。3方向からの入をそれぞれつくる。あとで足すことにしよう。

$$
\begin{aligned}
\text{入}: x\,\text{方向} \quad & N_x|_x(\Delta y \Delta z)\Delta t \quad [\text{kg}] \\
y\,\text{方向} \quad & N_y|_y(\Delta z \Delta x)\Delta t \quad [\text{kg}] \\
z\,\text{方向} \quad & N_z|_z(\Delta x \Delta y)\Delta t \quad [\text{kg}]
\end{aligned}
\quad (3.18)
$$

溜は，微小サイコロキャラメルに微小時間内に溜まる物質量なので，つぎのようになる。

$$\text{溜}：(C|_{t+\Delta t}-C|_t)(\Delta x \Delta y \Delta z) \quad [\text{kg}] \tag{3.19}$$

消では，化学反応 (chemical reaction) が起きて，収支をとる対象となっている成分が別の成分に変わったことを考える。単位体積，単位時間あたりに化学反応によって消える物質量を R [kg/(m³ s)] とおくと，

$$\text{消}：R(\Delta x \Delta y \Delta z)\Delta t \quad [\text{kg}] \tag{3.20}$$

と表せる。R は**化学反応速度**と呼ばれている。

出は**入**を参考にして，

$$\begin{aligned}\text{出}：&x\text{方向} & N_x|_{x+\Delta x}(\Delta y \Delta z)\Delta t \quad [\text{kg}] \\ &y\text{方向} & N_y|_{y+\Delta y}(\Delta z \Delta x)\Delta t \quad [\text{kg}] \\ &z\text{方向} & N_z|_{z+\Delta z}(\Delta x \Delta y)\Delta t \quad [\text{kg}]\end{aligned} \tag{3.21}$$

とすればよい。**溜**と**消**は微小サイコロキャラメルの内部で起きるので項が1つで済んだ。**入**と**出**は，微小サイコロキャラメルの6つの面を通過して起きるので，それぞれ3方向について**入**と**出**をつくった。

さて，「入溜消出」のすべてが出そろったところで，微小空間内で，t と $t+\Delta t$ との時間内で物質収支をとる。各項とも単位は kg である。

$$N_x|_x(\Delta y \Delta z)\Delta t + N_y|_y(\Delta z \Delta x)\Delta t + N_z|_z(\Delta x \Delta y)\Delta t \\ -(C|_{t+\Delta t}-C|_t)(\Delta x \Delta y \Delta z) - R(\Delta x \Delta y \Delta z)\Delta t$$

第3章 つくるのがたいへんな偏微分方程式

$$
\begin{aligned}
= &\ N_x|_{x+\Delta x}(\Delta y \Delta z)\Delta t + N_y|_{y+\Delta y}(\Delta z \Delta x)\Delta t \\
&+ N_z|_{z+\Delta z}(\Delta x \Delta y)\Delta t
\end{aligned}
\tag{3.22}
$$

この収支式を,いつものようにビブコン(微分コンシャス)しながら変形する。

$$
\begin{aligned}
&-(C|_{t+\Delta t}-C|_t)(\Delta x \Delta y \Delta z)-R(\Delta x \Delta y \Delta z)\Delta t \\
&= (N_x|_{x+\Delta x}-N_x|_x)(\Delta y \Delta z)\Delta t \\
&\quad+(N_y|_{y+\Delta y}-N_y|_y)(\Delta z \Delta x)\Delta t \\
&\quad+(N_z|_{z+\Delta z}-N_z|_z)(\Delta x \Delta y)\Delta t
\end{aligned}
\tag{3.23}
$$

微小サイコロキャラメルの体積 $(\Delta x \Delta y \Delta z)$,さらには微小時間 Δt で両辺を割ることによって,

$$
-\frac{C|_{t+\Delta t}-C|_t}{\Delta t}-R = \frac{N_x|_{x+\Delta x}-N_x|_x}{\Delta x}+\frac{N_y|_{y+\Delta y}-N_y|_y}{\Delta y} \\
+\frac{N_z|_{z+\Delta z}-N_z|_z}{\Delta z}
\tag{3.24}
$$

と,偏微分の定義式が出てくる。$\Delta x, \Delta y, \Delta z$,さらには Δt を無限小にすると,偏微分そのものになる。

$$
-\frac{\partial C}{\partial t}-R = \frac{\partial N_x}{\partial x}+\frac{\partial N_y}{\partial y}+\frac{\partial N_z}{\partial z}
\tag{3.25}
$$

このあたりの変形を大まかにたどると,

$$
\boxed{入}-\boxed{溜}-\boxed{消}=\boxed{出}
\tag{3.26}
$$

を,ビブコンして,

$$-\boxed{溜}-\boxed{消} = \boxed{出}-\boxed{入} \tag{3.27}$$

に変形しているだけなのである。式（3.25）の右辺の偏微分の足し算は3方向の（$\boxed{出}-\boxed{入}$）を示している。

このままだと，右辺に濃度 C が現れないので中途半端な偏微分方程式に終わってしまう。そこで，全質量流束 $\boldsymbol{N}$ がドヤドヤ質量流束 $C\boldsymbol{v}$ とジワジワ質量流束 $\boldsymbol{J}$ の和であるということ（47ページ）を思い出して，

$$\begin{aligned}
N_x &= Cv_x + J_x = Cv_x + \left(-D\frac{\partial C}{\partial x}\right) \\
N_y &= Cv_y + J_y = Cv_y + \left(-D\frac{\partial C}{\partial y}\right) \\
N_z &= Cv_z + J_z = Cv_z + \left(-D\frac{\partial C}{\partial z}\right)
\end{aligned} \tag{3.28}$$

を式（3.25）に代入すると，

$$-\frac{\partial C}{\partial t} - R = \frac{\partial\left\{Cv_x + \left(-D\frac{\partial C}{\partial x}\right)\right\}}{\partial x} + \frac{\partial\left\{Cv_y + \left(-D\frac{\partial C}{\partial y}\right)\right\}}{\partial y} + \frac{\partial\left\{Cv_z + \left(-D\frac{\partial C}{\partial z}\right)\right\}}{\partial z} \tag{3.29}$$

となる。ここで，場は均一（homogeneous）で，しかもその場の物性定数の1つである拡散係数 D は濃度が変わっても一定であるとすると，D は偏微分記号の外に出せる。だから式（3.29）の右辺は，

第3章 つくるのがたいへんな偏微分方程式

$$\frac{\partial(Cv_x)}{\partial x}+\frac{\partial(Cv_y)}{\partial y}+\frac{\partial(Cv_z)}{\partial z}-D\left(\frac{\partial^2 C}{\partial x^2}+\frac{\partial^2 C}{\partial y^2}+\frac{\partial^2 C}{\partial z^2}\right)$$

$$=v_x\frac{\partial C}{\partial x}+v_y\frac{\partial C}{\partial y}+v_z\frac{\partial C}{\partial z}+C\left(\frac{\partial v_x}{\partial x}+\frac{\partial v_y}{\partial y}+\frac{\partial v_z}{\partial z}\right)$$

$$-D\left(\frac{\partial^2 C}{\partial x^2}+\frac{\partial^2 C}{\partial y^2}+\frac{\partial^2 C}{\partial z^2}\right) \quad (3.30)$$

と変形できる。ということで式（3.25）は，

$$-\frac{\partial C}{\partial t}-R=v_x\frac{\partial C}{\partial x}+v_y\frac{\partial C}{\partial y}+v_z\frac{\partial C}{\partial z}+C\left(\frac{\partial v_x}{\partial x}+\frac{\partial v_y}{\partial y}+\frac{\partial v_z}{\partial z}\right)$$

$$-D\left(\frac{\partial^2 C}{\partial x^2}+\frac{\partial^2 C}{\partial y^2}+\frac{\partial^2 C}{\partial z^2}\right) \quad (3.31)$$

となった。この偏微分方程式がマ現象に対する直角座標での収支の一般式である。

🐚 式の見かけをスッキリさせる秘策 ── 内積とナブラ

3方向に気を配りながら変形したのでたいへん疲れた。得られた式の見た目は複雑だ。なんとかならないのか。こういうときに便利なのがベクトル記号である。なかでも，**内積**（inner product）と**ナブラ**（nabla）という名のベクトル ∇ が役立つ。ナブラは第1章でもちょっとだけ顔を出した（55ページ）。ナブラという名前は，∇ の形からわかるように"竪琴"（図3.5）の意味だそうだ。

まず，ベクトル $\boldsymbol{a}$ とベクトル $\boldsymbol{b}$ の内積は，ドット「・」を使って，

図 3.5 ナブラの記号の形は「竪琴」

$$\boldsymbol{a}\cdot\boldsymbol{b} \tag{3.32}$$

と書く約束だ。内積 $\boldsymbol{a}\cdot\boldsymbol{b}$ はベクトルではなく、スカラー（ただの数）である。内積を成分で表すと、

$$\boldsymbol{a} = (a_1, a_2) \tag{3.33}$$
$$\boldsymbol{b} = (b_1, b_2) \tag{3.34}$$
$$\boldsymbol{a}\cdot\boldsymbol{b} = a_1 b_1 + a_2 b_2 \tag{3.35}$$

と高校で教わった。高校では2成分のベクトルしか習わないが、このままだと3次元の世界では使いにくい。直角座標 (x, y, z) に合わせてベクトルを3成分にして、しかも下付き添え字を番号1と2から x, y, z に変えておく。

$$\boldsymbol{a} = (a_x, a_y, a_z) \tag{3.36}$$
$$\boldsymbol{b} = (b_x, b_y, b_z) \tag{3.37}$$
$$\boldsymbol{a}\cdot\boldsymbol{b} = a_x b_x + a_y b_y + a_z b_z \tag{3.38}$$

文字と下付き添え字の並び方を覚えておこう。

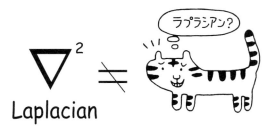

図 3.6　ラプラシアンとは……

つぎにナブラ ∇ というベクトルである。これは，

$$\nabla = \left(\frac{\partial}{\partial x}, \frac{\partial}{\partial y}, \frac{\partial}{\partial z} \right) \tag{3.39}$$

というふうに**微分記号を成分とするベクトル**である。∇ は単独では物理的意味がなくて，なんらかの物理量にくっついてはじめて具体的な意味を表す。さらに，∇ と ∇ の内積

$$\begin{aligned}\nabla^2 &= \nabla \cdot \nabla \\ &= \frac{\partial^2}{\partial x^2} + \frac{\partial^2}{\partial y^2} + \frac{\partial^2}{\partial z^2}\end{aligned} \tag{3.40}$$

というスカラーも便利でよく用いられている。∇^2 には**ラプラシアン**（Laplacian）という名前がついている。ネコさんの種類のように聞こえるけれどもそうではない（図 3.6）。

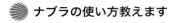
ナブラの使い方教えます

∇ の使用法はこの本では2種類である。1つめは、∇ の後にスカラー量をつけるもの。例えば、∇ に濃度 C をつけると、

$$\nabla C \tag{3.41}$$

はベクトルになる。すなわち、∇C はあのジワジワ流束勾配三人衆の一人、フィックさんの法則で登場した濃度の勾配を表す記号 grad と同じ意味である。

$$\nabla C = \mathrm{grad}\, C \tag{3.42}$$

フィックの法則は、55ページでも見たように、$\boldsymbol{J}=-D\nabla C$ とも $\boldsymbol{J}=-D\,\mathrm{grad}\,C$ とも書けるのである。

そして、2つめはナブラ ∇ と、他のベクトル量との内積をとるもの。内積だから結果はスカラーになる。例えば、∇ と質量流束 $\boldsymbol{N}$ の内積は、

$$\nabla \cdot \boldsymbol{N} = \frac{\partial N_x}{\partial x} + \frac{\partial N_y}{\partial y} + \frac{\partial N_z}{\partial z} \tag{3.43}$$

というスカラーになる。これを利用すると、式 (3.25) の右辺はつぎのように簡単な表示で済むようになる（図3.7）。

$$-\frac{\partial C}{\partial t} - R = \frac{\partial N_x}{\partial x} + \frac{\partial N_y}{\partial y} + \frac{\partial N_z}{\partial z}$$
$$= \nabla \cdot \boldsymbol{N} \tag{3.44}$$

$\nabla \cdot \boldsymbol{N}$ は（出－入）に等しい。言い換えると、微小体積から全体として出ていった分だ。$\nabla \cdot \boldsymbol{N}$ のことをベクトル $\boldsymbol{N}$ の**発**

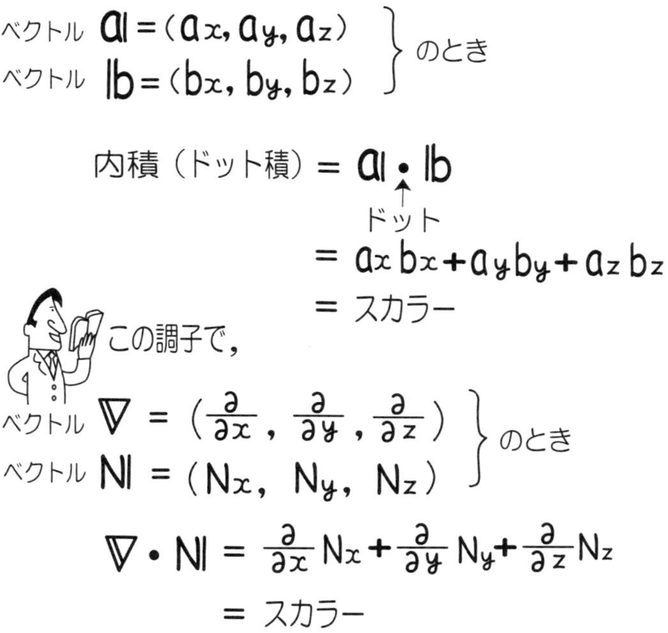

第3章 つくるのがたいへんな偏微分方程式

ベクトル $\boldsymbol{a} = (a_x, a_y, a_z)$
ベクトル $\boldsymbol{b} = (b_x, b_y, b_z)$ 〉のとき

$$\text{内積（ドット積）} = \boldsymbol{a} \cdot \boldsymbol{b}$$
$$\qquad\qquad\qquad \uparrow \text{ドット}$$
$$= a_x b_x + a_y b_y + a_z b_z$$
$$= \text{スカラー}$$

この調子で，

ベクトル $\nabla = \left(\dfrac{\partial}{\partial x}, \dfrac{\partial}{\partial y}, \dfrac{\partial}{\partial z}\right)$
ベクトル $\boldsymbol{N} = (N_x, N_y, N_z)$ 〉のとき

$$\nabla \cdot \boldsymbol{N} = \dfrac{\partial}{\partial x} N_x + \dfrac{\partial}{\partial y} N_y + \dfrac{\partial}{\partial z} N_z$$
$$= \text{スカラー}$$

図 3.7 ベクトルとベクトルの内積はスカラー

散（divergence）と呼んだりする。記号として，divergence のはじめの3文字をとってつぎのように書くことも多い。

$$\nabla \cdot \boldsymbol{N} = \text{div } \boldsymbol{N} \tag{3.45}$$

ナブラをうまく使うと，式（3.31）を驚くほどすっきりと書ける。式（3.31）の右辺のはじめの3項は，注意して見れば，

$$v_x \frac{\partial C}{\partial x} + v_y \frac{\partial C}{\partial y} + v_z \frac{\partial C}{\partial z} = \boldsymbol{v} \cdot \nabla C \tag{3.46}$$

となることがわかる。式（3.31）の右辺の真ん中の3項は，

$$C\left(\frac{\partial v_x}{\partial x}+\frac{\partial v_y}{\partial y}+\frac{\partial v_z}{\partial z}\right) = C(\nabla \cdot \boldsymbol{v}) \tag{3.47}$$

である。式（3.31）の右辺の最後の3項は，ラプラシアンを使って表示することができる。

$$-D\left(\frac{\partial^2 C}{\partial x^2}+\frac{\partial^2 C}{\partial y^2}+\frac{\partial^2 C}{\partial z^2}\right) = -D\nabla^2 C \tag{3.48}$$

以上，まとめると，

$$-\frac{\partial C}{\partial t}-R = \boldsymbol{v}\cdot\nabla C + C(\nabla\cdot\boldsymbol{v}) - D\nabla^2 C \tag{3.49}$$

というふうに式（3.31）を書き直せた。

一方，式（3.44）の全質量流束 $\boldsymbol{N}$ にドヤドヤ質量流束とジワジワ質量流束の和

$$\boldsymbol{N} = C\boldsymbol{v}+\boldsymbol{J} = C\boldsymbol{v}+(-D\nabla C) \tag{3.50}$$

を代入すると，式（3.44）は，

$$\begin{aligned}
-\frac{\partial C}{\partial t}-R &= \nabla\cdot\boldsymbol{N} \\
&= \nabla\cdot\{C\boldsymbol{v}+(-D\nabla C)\} \\
&= \nabla\cdot(C\boldsymbol{v})-D\nabla^2 C \\
&= \boldsymbol{v}\cdot\nabla C+C(\nabla\cdot\boldsymbol{v})-D\nabla^2 C
\end{aligned} \tag{3.51}$$

となり，式（3.49）に一致するのは当たり前である。

さて，**原理から見ると偏微分方程式の係数のプラスとマイナス**

は物理的意味をもっている。**基本的には，プラスやマイナスはやたらにいじらないことを私は奨めたい**。とはいえ係数がマイナスだらけだとなんとなく落ち着かないので，式（3.51）中の係数がプラスになるように移項する。

$$\frac{\partial C}{\partial t} + \nabla \cdot (C\boldsymbol{v}) + R = D\nabla^2 C \tag{3.52}$$

これですっきりした。その代わり物理的意味をつかみにくくなった。マ（mass）現象の収支を一般的に表現する偏微分方程式をベクトル記号を使って表示できたわけだ。

🔰 熱と運動量の一般式はアナロジーからつくる

つぎに，直角座標でのヘ（heat）とモ（momentum）の収支の一般式をたてよう。はじめからつくるとたいへんなので，マヘモのアナロジーを利用してつくる。まず，アナロジーの原点に戻る（59 ページ）。

$$\begin{aligned}
&\text{マ}: \ \boldsymbol{N} = C\boldsymbol{v} + \boldsymbol{J} = C\boldsymbol{v} + (-D\nabla C) &(3.53)\\
&\text{ヘ}: \ \boldsymbol{H} = \rho C_\mathrm{p} T\boldsymbol{v} + \boldsymbol{q} = \rho C_\mathrm{p} T\boldsymbol{v} + (-k\nabla T) &(3.54)\\
&\text{モ}_x: \boldsymbol{M}_x = \rho v_x \boldsymbol{v} + \boldsymbol{\tau}_x = \rho v_x \boldsymbol{v} + (-\mu \nabla v_x) &(3.55)\\
&\text{モ}_y: \boldsymbol{M}_y = \rho v_y \boldsymbol{v} + \boldsymbol{\tau}_y = \rho v_y \boldsymbol{v} + (-\mu \nabla v_y) &(3.56)\\
&\text{モ}_z: \boldsymbol{M}_z = \rho v_z \boldsymbol{v} + \boldsymbol{\tau}_z = \rho v_z \boldsymbol{v} + (-\mu \nabla v_z) &(3.57)
\end{aligned}$$

モ$_y$ と モ$_z$ についてはしばらくの間，省略することにする。

物理量のアナロジーは，$C \Leftrightarrow \rho C_\mathrm{p} T \Leftrightarrow \rho v_x$，また，全流束のアナロジーは，$\boldsymbol{N} \Leftrightarrow \boldsymbol{H} \Leftrightarrow \boldsymbol{M}_x$ である。

$$\mathbf{マ}: \quad -\frac{\partial C}{\partial t} - R = \nabla \cdot \boldsymbol{N} \tag{3.58}$$

$$\mathbf{ヘ}: \quad -\frac{\partial (\rho C_\mathrm{p} T)}{\partial t} - R_H = \nabla \cdot \boldsymbol{H} \tag{3.59}$$

$$\mathbf{モ}_x: \quad -\frac{\partial (\rho v_x)}{\partial t} - R_{M_x} = \nabla \cdot \boldsymbol{M}_x \tag{3.60}$$

ここで,マの R は化学反応で消失した分 [kg/(m³ s)] である。R_H と R_{M_x} はヘとモの「消」の分である。ヘの場合,化学反応に伴って"発生した"熱ならば,R_H ではなく S_H [J/(m³ s)] を使う。「入溜消出」が「入溜"生"出」に化けると言ってもよい。"消失"分ではなくむしろ"生成"分なので,"source" にちなんだ記号 S を使うのだ。

また,モ$_x$ の場合,外部からの x 方向の圧力や x 方向の重力が"加わる"ので S_{M_x} [(kg m/s)/(m³ s)] を使う。"消失"ではなく"生成"なので,収支式中のマイナスはプラスに変わる。

$$\mathbf{ヘ}: \quad -\frac{\partial (\rho C_\mathrm{p} T)}{\partial t} + S_H = \nabla \cdot \boldsymbol{H} \tag{3.61}$$

$$\mathbf{モ}_x: \quad -\frac{\partial (\rho v_x)}{\partial t} + S_{M_x} = \nabla \cdot \boldsymbol{M}_x \tag{3.62}$$

ヘとモの全流束 $\boldsymbol{H}, \boldsymbol{M}_x$ に,それぞれのドヤドヤ流束とジワジワ流束の和をベクトルに表示した

$$\boldsymbol{H} = \rho C_\mathrm{p} T \boldsymbol{v} + (-k \nabla T) \tag{3.63}$$
$$\boldsymbol{M}_x = \rho v_x \boldsymbol{v} + (-\mu \nabla v_x) \tag{3.64}$$

第 3 章　つくるのがたいへんな偏微分方程式

を代入すると，式（3.58），(3.61)，(3.62) は，

$$\text{マ}: \quad \frac{\partial C}{\partial t} + \nabla \cdot (C\boldsymbol{v}) + R = D\nabla^2 C \tag{3.65}$$

$$\text{ヘ}: \quad \frac{\partial (\rho C_\mathrm{p} T)}{\partial t} + \nabla \cdot (\rho C_\mathrm{p} T\boldsymbol{v}) - S_H = k\nabla^2 T \tag{3.66}$$

$$\text{モ}_x: \quad \frac{\partial (\rho v_x)}{\partial t} + \nabla \cdot (\rho v_x \boldsymbol{v}) - S_{M_x} = \mu\nabla^2 v_x \tag{3.67}$$

となる。久しぶりに モ$_y$ と モ$_z$ にも登場してもらうと，これらは式（3.67）の下付き添え字を変えるだけでよいので，

$$\text{モ}_y: \quad \frac{\partial (\rho v_y)}{\partial t} + \nabla \cdot (\rho v_y \boldsymbol{v}) - S_{M_y} = \mu\nabla^2 v_y \tag{3.68}$$

$$\text{モ}_z: \quad \frac{\partial (\rho v_z)}{\partial t} + \nabla \cdot (\rho v_z \boldsymbol{v}) - S_{M_z} = \mu\nabla^2 v_z \tag{3.69}$$

を得る。これらはみな，ベクトル表示の堂々たる偏微分方程式である。マとヘの収支式の左辺第 2 項の中に速度 $\boldsymbol{v}$ が入っている。その $\boldsymbol{v}$ は，モ$_x$，モ$_y$，モ$_z$ の収支式から算出される。マ，ヘへの物理量の分布は速度 $\boldsymbol{v}$ の分布とかかわっている。したがって，マヘモそれぞれの物理量はこれらの"連立"偏微分方程式群を連立して解いて求まるわけだ。解くのは相当たいへんそうだ。

　朝起きて，鏡の前に立ち，鏡の向こうの顔を覗き込むと髪の毛が乱立していた。昨夜はシャワーを浴びて乾かすことなくそのまま寝てしまった。午前中に会議があるのでこのままでは笑われてしまう。タオルを水で濡らして頭のてっぺんに載せた。その後，ドライヤーで乾かしながら整髪することに

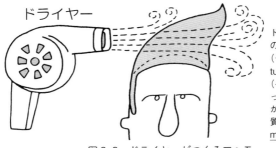

図3.8 ドライヤーがつくるマヘモ

した。ドライヤーのスイッチを入れた。まず,運動量が髪の毛の間を通り抜けた。そのうち,暖かい空気を頭皮が感じた。熱流束だ。さらに,湿っていた髪の毛が乾き出した。いい感じだ。水蒸気の質量流束だ（図3.8）。

マとヘの移動がドヤドヤ流束に支配されている。速度が熱や物質の移動に影響を与えている。マヘモの物理量が織りなす世界が身近で現れていた。頭髪内の濃度,温度,速度の分布を表す連立偏微分方程式をつくって解く時間はない。会議に遅れてしまう。

いまのところ,どこまでいっても「入溜消出」収支から始まった話である。これらの一般式 (3.65)-(3.69) の各項の由来を復習しておく。左辺第1項は時間について1階の微分だから**溜**,左辺第2項は物理量の濃度（マヘモ,それぞれ $C, \rho C_p T, \rho v$）に v が掛かっているので,（**出**－**入**）のドヤドヤ分,左辺第3項は**消**（マの場合）あるいは**生**（ヘとモの場合）である。一方,右辺には物性定数が現れていることから（**出**－**入**）のジワジワ分である。このように,式を見て原点に

第 3 章 つくるのがたいへんな偏微分方程式

戻ってその物理的意味を理解しておかないと、式を解くにしても、ちっともおもしろくないと思う。

"楕円型偏微分方程式"の登場

ところで、一般式 (3.65)-(3.69) の左辺の項を全部ゼロにし、右辺の項だけを残した式をつくるとどうなるだろうか。すなわち、(出－入)のジワジワ分だけを式に残すわけだ。つぎのようになる。

$$
\begin{aligned}
&\textbf{マ}: 0 = D\nabla^2 C \\
&\textbf{ヘ}: 0 = k\nabla^2 T \\
&\textbf{モ}_x: 0 = \mu\nabla^2 v_x \\
&\textbf{モ}_y: 0 = \mu\nabla^2 v_y \\
&\textbf{モ}_z: 0 = \mu\nabla^2 v_z
\end{aligned}
\tag{3.70}
$$

式を見てもわかるように、(出－入)のジワジワ分がゼロですよ、と言っているのである。これらの式を空間座標2つ、例えば x と y を選んで書き出すと、

$$
\begin{aligned}
&\textbf{マ}: \frac{\partial^2 C}{\partial x^2} + \frac{\partial^2 C}{\partial y^2} = 0 \\
&\textbf{ヘ}: \frac{\partial^2 T}{\partial x^2} + \frac{\partial^2 T}{\partial y^2} = 0 \\
&\textbf{モ}_x: \frac{\partial^2 v_x}{\partial x^2} + \frac{\partial^2 v_x}{\partial y^2} = 0 \\
&\textbf{モ}_y: \frac{\partial^2 v_y}{\partial x^2} + \frac{\partial^2 v_y}{\partial y^2} = 0
\end{aligned}
\tag{3.71}
$$

$$\text{モ}_z : \frac{\partial^2 v_z}{\partial x^2} + \frac{\partial^2 v_z}{\partial y^2} = 0$$

というふうになる。左辺がゼロなので物性定数 D, k, そして μ は消去しても数学的には同じである。これらの式を**楕円型偏微分方程式**と呼んでいる。各項とも2階の偏微分であり,それを足しているのが特徴である。時間についての物理量の微分 $\frac{\partial}{\partial t}$ がゼロとなって式から消えているということは,場での物理量の分布が時間が経っても変化しないということだ。これは空間座標だけの関数として物理量が決まるということを意味している。現象を計測するための時計は要らないことになる。このような状況は**定常状態**(steady state)と呼ばれている(28ページ)。

この節で一生懸命つくった一般の収支を表す偏微分方程式(3.65)-(3.69)に比べると,第2章の放物型偏微分方程式(2.48),いまつくった楕円型偏微分方程式(3.70),(3.71)は,たいへんきれいな場面を記述する式だったんだとわかっていただけると思う。

3-3 円柱座標での収支の一般式

🐚 微小バウムクーヘンで「入溜消出」

結婚披露宴に出かけてみると,昔とは様変わりしたことに気づく。それは2つある。ご両人を紹介する役の仲人さんがいなくなったこと,それから,引出物(ひきでもの)の袋が小さくなったことである。結婚式が始まるとすぐに新郎が挨拶する。

図3.10 バウムクーヘン

「樹」でクーヘン(kuchen)が「お菓子」という意味がわかってなっとくできるお菓子だ(図3.10)。

このバウムクーヘンを8等分くらいに包丁で切ると,家族4人,2回で食べ終わる。2回めには結婚式の引出物であることをすっかり忘れて食べている。この8等分を小さくしていくと,図3.11のように円柱座標での微小空間になる。円柱座標 (r, θ, z) 内で,r と $r+\Delta r$ との間,θ と $\theta+\Delta \theta$ との間,z と $z+\Delta z$ との間に挟まれた空間である。それぞれの方向からマヘモの流束が入り,出ていく。各方向の流束と対面する微小面積はつぎのとおり。

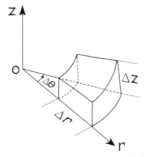

円柱座標 (r, θ, z) 内の微小空間で考える。それぞれの方向からマヘモの流束が出入りしている

図3.11 バウムクーヘンの微小空間

r **方向の面積**：$r\Delta\theta\Delta z$ から $(r+\Delta r)\Delta\theta\Delta z$ まで変化

θ **方向の面積**：$\Delta r\Delta z$ のまま一定

z **方向の面積**：$r\Delta\theta\Delta r$ のまま一定

これに流束を掛け合わせて，への収支式をたててみよう。ここからは簡単のため，熱流束としてジワジワ熱流束 q だけを考える。微小空間で，t から $t+\Delta t$ までの時間内で熱収支をとる。各項とも単位は J である。

入は3方向から

r **方向**：$q_r|_r(r\Delta\theta\Delta z)\Delta t$　[J]　　　(3.72)

θ **方向**：$q_\theta|_\theta(\Delta r\Delta z)\Delta t$　[J]　　　(3.73)

z **方向**：$q_z|_z(r\Delta\theta\Delta r)\Delta t$　[J]　　　(3.74)

溜：$(T|_{t+\Delta t}-T|_t)(\rho C_\mathrm{p})(r\Delta\theta\Delta r\Delta z)$　[J]　　　(3.75)

生：$S_H(r\Delta\theta\Delta r\Delta z)\Delta t$　[J]　　　(3.76)

ここで，S_H は単位体積，単位時間あたりの熱生成量 [J/(m³s)] である。出は入と同様で，いつものように

出も3方向へ

r **方向**：$q_r|_{r+\Delta r}\{(r+\Delta r)\Delta\theta\Delta z\}\Delta t$　[J]　　　(3.77)

θ **方向**：$q_\theta|_{\theta+\Delta\theta}(\Delta r\Delta z)\Delta t$　[J]　　　(3.78)

z **方向**：$q_z|_{z+\Delta z}(r\Delta\theta\Delta r)\Delta t$　[J]　　　(3.79)

である。「入溜"生"出」がそろったので収支式をたてよう。

$$\begin{aligned}
&q_r|_r(r\Delta\theta\Delta z)\Delta t+q_\theta|_\theta(\Delta r\Delta z)\Delta t+q_z|_z(r\Delta\theta\Delta r)\Delta t \\
&\quad -(T|_{t+\Delta t}-T|_t)(\rho C_\mathrm{p})(r\Delta\theta\Delta r\Delta z)+S_H(r\Delta\theta\Delta r\Delta z)\Delta t \\
&= q_r|_{r+\Delta r}\{(r+\Delta r)\Delta\theta\Delta z\}\Delta t+q_\theta|_{\theta+\Delta\theta}(\Delta r\Delta z)\Delta t \\
&\quad +q_z|_{z+\Delta z}(r\Delta\theta\Delta r)\Delta t
\end{aligned}$$
(3.80)

ここで，おなじみのビブコンをする。このとき，r 方向に関する式変形は第 2 章で登場した"連動"式変形（101 ページ以降参照）を採用する。

$$\frac{(rq_r)|_{r+\Delta r} - (rq_r)|_r}{\Delta r} \tag{3.81}$$

$$\frac{q_\theta|_{\theta+\Delta\theta} - q_\theta|_\theta}{\Delta\theta} \tag{3.82}$$

$$\frac{q_z|_{z+\Delta z} - q_z|_z}{\Delta z} \tag{3.83}$$

これを意識しつつ式（3.80）を変形すると，

$$\begin{aligned}-(T|_{t+\Delta t} &- T|_t)(\rho C_\mathrm{p})(r\Delta\theta\Delta r\Delta z) + S_H(r\Delta\theta\Delta r\Delta z)\Delta t \\ = &\{(rq_r)|_{r+\Delta r} - (rq_r)|_r\}(\Delta\theta\Delta z)\Delta t \\ &+ (q_\theta|_{\theta+\Delta\theta} - q_\theta|_\theta)(\Delta r\Delta z)\Delta t \\ &+ (q_z|_{z+\Delta z} - q_z|_z)(r\Delta\theta\Delta r)\Delta t\end{aligned} \tag{3.84}$$

を得る。両辺を微小バウムクーヘンの体積（$r\Delta\theta\Delta r\Delta z$）で割り，さらに微小時間 Δt で割ると，

$$\begin{aligned}-(\rho C_\mathrm{p})&\frac{T|_{t+\Delta t} - T|_t}{\Delta t} + S_H \\ = &\frac{1}{r}\frac{(rq_r)|_{r+\Delta r} - (rq_r)|_r}{\Delta r} + \frac{1}{r}\frac{q_\theta|_{\theta+\Delta\theta} - q_\theta|_\theta}{\Delta\theta} + \frac{q_z|_{z+\Delta z} - q_z|_z}{\Delta z}\end{aligned}$$
$$\tag{3.85}$$

と，偏微分の定義式が見えてくる。ここで $\Delta\theta, \Delta r, \Delta z$，さらには Δt を無限小にすると，これは偏微分そのものだ。

第 3 章　つくるのがたいへんな偏微分方程式

$$-(\rho C_{\mathrm{p}})\frac{\partial T}{\partial t}+S_H = \frac{1}{r}\frac{\partial (rq_r)}{\partial r}+\frac{1}{r}\frac{\partial q_\theta}{\partial \theta}+\frac{\partial q_z}{\partial z} \quad (3.86)$$

このままだと，温度 T が右辺に現れないので，円柱座標が都合がよい形をした場の温度分布を与える偏微分方程式にならない。中途半端だ。そこで，ジワジワ熱流束が温度勾配に比例するというフーリエの法則

$$\boldsymbol{q} = -k\nabla T \quad (3.87)$$

を式（3.86）に代入することを考えよう。これは r, θ, z の成分ごとに，

$$q_r = -k\frac{\partial T}{\partial r} \quad (3.88)$$

$$q_\theta = -k\frac{1}{r}\frac{\partial T}{\partial \theta} \quad (3.89)$$

$$q_z = -k\frac{\partial T}{\partial z} \quad (3.90)$$

のように書かれる。角度 θ には長さの単位がないので，$-k\dfrac{\partial T}{\partial \theta}$ というわけにはいかずに分母に r が掛かっていることに注意。これらを式（3.86）の右辺に代入して，

$$\frac{1}{r}\frac{\partial \left\{r\left(-k\dfrac{\partial T}{\partial r}\right)\right\}}{\partial r}+\frac{1}{r}\frac{\partial \left(-k\dfrac{1}{r}\dfrac{\partial T}{\partial \theta}\right)}{\partial \theta}+\frac{\partial \left(-k\dfrac{\partial T}{\partial z}\right)}{\partial z}$$
$$(3.91)$$

を得る。場は均一で，しかもその場の物性定数としての熱伝導

度 k は温度が変わっても一定なら，k を偏微分記号の外に出せる。第 2 項 $\frac{1}{r}$ も θ と独立なので偏微分記号の外に出せる。

$$-k\left[\frac{1}{r}\frac{\partial\left\{r\left(\frac{\partial T}{\partial r}\right)\right\}}{\partial r}+\frac{1}{r^2}\frac{\partial^2 T}{\partial \theta^2}+\frac{\partial^2 T}{\partial z^2}\right] \quad (3.92)$$

さらに，偏微分方程式の係数のマイナス記号を少なくなるように変形すると，

$$(\rho C_{\mathrm{p}})\frac{\partial T}{\partial t}-S_H = k\left[\frac{1}{r}\frac{\partial\left\{r\left(\frac{\partial T}{\partial r}\right)\right\}}{\partial r}+\frac{1}{r^2}\frac{\partial^2 T}{\partial \theta^2}+\frac{\partial^2 T}{\partial z^2}\right]$$

$$(3.93)$$

となり，そして熱拡散係数 $\alpha=\frac{k}{\rho C_{\mathrm{p}}}$（82 ページ）を思い出せば，式 (3.86) は最終的に次のように書き直せることになる。

$$\frac{\partial T}{\partial t}-S_H/(\rho C_{\mathrm{p}}) = \alpha\left[\frac{1}{r}\frac{\partial\left\{r\left(\frac{\partial T}{\partial r}\right)\right\}}{\partial r}+\frac{1}{r^2}\frac{\partial^2 T}{\partial \theta^2}+\frac{\partial^2 T}{\partial z^2}\right]$$

$$(3.94)$$

熱流束はジワジワ分だけであるということを踏まえて，への一般的な収支からつくった"円柱座標"版の偏微分方程式ができ上がった。

ふたたび定常状態を表してみよう

 ここで,いったん状況を単純化して,円柱の中で化学反応が起こって熱が生成したり消滅したりすることはないとしよう。まず,熱の生成がないときには S_H をゼロとおけるので,式(3.94)の左辺第 2 項が消えて,

$$\frac{\partial T}{\partial t} = \alpha \left[\frac{1}{r} \frac{\partial \left\{ r \left(\frac{\partial T}{\partial r} \right) \right\}}{\partial r} + \frac{1}{r^2} \frac{\partial^2 T}{\partial \theta^2} + \frac{\partial^2 T}{\partial z^2} \right] \quad (3.95)$$

となる。つぎに,温度が r 方向のみに分布しているときには,

$$\frac{\partial T}{\partial t} = \alpha \left(\frac{\partial^2 T}{\partial r^2} + \frac{1}{r} \frac{\partial T}{\partial r} \right) \quad (3.96)$$

となり,第 2 章のキュウリ冷やしの式(2.109)に一致する。これは"当たり前だ(前田)のクラッカー"な話である。一般は具体を含むのだから,一般式から,もちろん具体的な場面の式がつくれるわけである。

 さらに,式(3.70)をつくったときと同じように,定常状態を考えてみる。すなわち 溜 もゼロのときには,式(3.95)の左辺がゼロになる。

$$0 = \alpha \left[\frac{1}{r} \frac{\partial \left\{ r \left(\frac{\partial T}{\partial r} \right) \right\}}{\partial r} + \frac{1}{r^2} \frac{\partial^2 T}{\partial \theta^2} + \frac{\partial^2 T}{\partial z^2} \right] \quad (3.97)$$

これを円柱座標のうちの2つ,例えば r と z を選んで書き出すと,

$$0 = \frac{1}{r}\frac{\partial\left\{r\left(\frac{\partial T}{\partial r}\right)\right\}}{\partial r} + \frac{\partial^2 T}{\partial z^2}$$

$$= \frac{1}{r}\frac{\partial T}{\partial r} + \frac{\partial^2 T}{\partial r^2} + \frac{\partial^2 T}{\partial z^2} \qquad (3.98)$$

となる。これは"円柱座標"版の楕円型偏微分方程式の一つである。座標を円柱にしたことで,$\frac{1}{r}\frac{\partial T}{\partial r}$ のような項が新たに発生したわけだ。

3-4 │ 双曲型偏微分方程式

放物線,楕円があれば双曲線もある

ところで,2次曲線のなかには,放物線,楕円そして双曲線があることをどこかで教わった。この本ではこれまでに,例えば,ヘ(<u>h</u>eat)について,

放物型(parabolic): $\dfrac{\partial T}{\partial t} = \alpha\dfrac{\partial^2 T}{\partial z^2}$ \qquad (3.99)

楕円型(elliptic): $\dfrac{\partial^2 T}{\partial x^2} + \dfrac{\partial^2 T}{\partial y^2} = 0$ \qquad (3.100)

がすでに登場している。そうなれば,**双曲型**(hyperbolic)が欲しくなるのが人情である。そこで,双曲型偏微分方程式の代表例として多くの教科書に載っている次の式を解剖してい

第 3 章 つくるのがたいへんな偏微分方程式

こう。

$$\frac{\partial^2 y}{\partial t^2} - \frac{T}{\sigma}\frac{\partial^2 y}{\partial x^2} = 0 \tag{3.101}$$

2階の偏微分を足し算しているのが楕円型の特徴であったのに対して，2階の偏微分を引き算しているのが双曲型の特徴である。しかも，楕円型の2変数は空間座標から2変数を選ぶのに対して，双曲型の2変数は時間と空間座標を1つずつ選ぶ。

🐚 "逆"微分コンシャス

式（3.101）に出てきた記号 T は温度の T とはぜんぜん関係ない。この偏微分方程式は，ぴんと張った"弦"の振動に関連して出てくるものだ。バイオリンやギターの弦をイメージしよう。記号を説明すると，T が弦の張力 [N]，σ（シグマ）は弦の単位長さあたりの質量 [kg/m] である。y が弦の縦方向の変位 [m] で，x および t は弦の横方向の距離と時間である（図 3.12）。ここで，y は，空間座標としての y ではなく，物理量としての y だ。

この式を逆にたどって，この式をつくった原理を探ろう。まず，移項して，t での偏微分と x での偏微分をそれぞれ左辺と右辺に分ける。

$$\sigma\frac{\partial^2 y}{\partial t^2} = T\frac{\partial^2 y}{\partial x^2} \tag{3.102}$$

この右辺を，"逆"微分コンシャスすると，

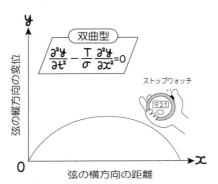

図 3.12　双曲型の微分方程式
バイオリンなどのピンと張った弦の振動。T は弦の張力 [N]，σ は弦の単位長さあたりの質量 [kg/m]

$$\text{右辺} = T\frac{\left(\dfrac{\partial y}{\partial x}\right)\Big|_{x+\Delta x} - \left(\dfrac{\partial y}{\partial x}\right)\Big|_{x}}{\Delta x} \tag{3.103}$$

という偏微分の定義式に戻すことができる。すると，式(3.102) は，

$$\sigma\frac{\partial^2 y}{\partial t^2} = T\frac{\left(\dfrac{\partial y}{\partial x}\right)\Big|_{x+\Delta x} - \left(\dfrac{\partial y}{\partial x}\right)\Big|_{x}}{\Delta x} \tag{3.104}$$

であり，この両辺に Δx を掛けて，

$$(\sigma\Delta x)\frac{\partial^2 y}{\partial t^2} = T\left\{\left(\dfrac{\partial y}{\partial x}\right)\Big|_{x+\Delta x} - \left(\dfrac{\partial y}{\partial x}\right)\Big|_{x}\right\}$$

第 3 章　つくるのがたいへんな偏微分方程式

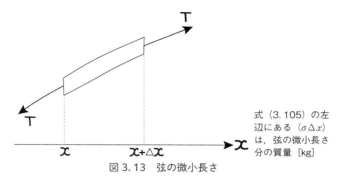

図 3.13　弦の微小長さ

式（3.105）の左辺にある（$\sigma\Delta x$）は，弦の微小長さ分の質量 [kg]

$$= T\left(\frac{\partial y}{\partial x}\right)\bigg|_{x+\Delta x} - T\left(\frac{\partial y}{\partial x}\right)\bigg|_x \qquad (3.105)$$

を得る。この式から弦の場面を描き出そう。まず，左辺の中身を考える。弦の縦方向の変位 y を時間について 1 階微分すると速度，もう 1 階微分すると加速度になる。そして，（$\sigma\Delta x$）は弦の微小長さ（図 3.13）分の質量 [kg] である。というわけで，式（3.105）の左辺は質量 m と加速度 a の掛け算，ふつうに書くと，

$$ma \qquad (3.106)$$

にほかならない。式の向こうにニュートンの第 2 法則（運動方程式）が見えてきた。ならば，式（3.105）の右辺はきっと微小長さの弦に働く力の和 F なのだろう。

$$ma = F \qquad (3.107)$$

弦の微小長さの部分についての運動方程式をたてる。

$|_{x+\Delta x}$ のマークからして式（3.105）の右辺第 1 項は弦の微小長さの右端 $x+\Delta x$ に働く力，$|_x$ のマークからして右辺第 2 項は弦の微小長さの左端 x に働く力である。

そこで，張力 T に変位の傾き $\frac{\partial y}{\partial x}$ を掛ける理由を図 3.14 を見ながら考えよう。弦が水平線となす角度 θ が相当に小さいときには，$\frac{\partial y}{\partial x}$ すなわち $\tan\theta$ は，$\sin\theta$ に近似できる（逆に，この近似が成り立たないような大きすぎる振動には，ここでの考え方は残念ながら適用できない）。すると，式（3.105）の右辺は，

$$T\left(\frac{\partial y}{\partial x}\right)\bigg|_{x+\Delta x} - T\left(\frac{\partial y}{\partial x}\right)\bigg|_x$$
$$= T\sin\theta|_{x+\Delta x} - T\sin\theta|_x \tag{3.108}$$

ということになる。右辺第 1 項は弦の微小長さの右端 $x+\Delta x$ での上向きの張力，第 2 項はその左端 x での下向きの張力。こうして右辺は弦の微小長さに加わる縦方向の力の和であることがわかる。まさに $ma=F$ なのだ。

なお，横方向には弦は動かないので横方向では力がつりあっている。この話を逆にたどれば，もともとの双曲型偏微分方程式（3.101）がつくれるわけである。偏微分方程式から原理まで遡（さかのぼ）っていくことは，偏微分方程式の各項の物理的意味を確認するためにだいじな作業だ。放物型や楕円型の偏微分方程式を逆に遡っていくと「入溜消出」に行き着く。

放物型，楕円型，双曲型という代表的な 3 タイプの偏微分方程式をつくった。放物型と楕円型は「入溜消出」収支式か

第 3 章 つくるのがたいへんな偏微分方程式

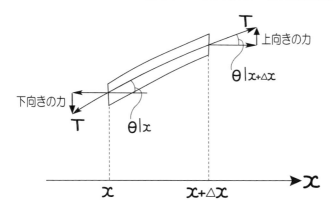

図 3.14 弦の運動を近似する

らつくった。一方，双曲型は運動方程式からつくった。こうした原理だけではなく，他の原理に基づく偏微分方程式のつくり方がある。電磁気学，量子力学，熱力学などさまざまな分野で偏微分方程式が登場する。「入溜消出」は万能ではな

い。ニュートン風に言うと,「入溜消出」は砂浜の一握りの砂を拾ったようなものなのである。

第3章のまとめ

　具体的な場面のイメージをつくってから微小部分で収支式や運動方程式をたてると,それが偏微分方程式となった。つぎに,一般的な偏微分方程式をつくった。**具象から抽象へ,逆に抽象から具象へ,いろいろなレベルの事柄を行き来することが,工学センスを身につけ,磨くためにだいじである。一度,一般式をたてておけば,そこから具体的な場面の式を容易に導出できるようになる**。一度,高い山に登ることに成功すれば,そこから見える他の山の登り方は見えてくるというわけだ（図 3.15）。

　直角座標から円柱座標へ偏微分方程式を拡張した。場面の形に都合がよい座標を選べばよいだけの話である。ただし,円柱,球と丸みがついていると運動量収支には遠心力の効果が出てくるので式は複雑になる。

　さらには,「入溜消出」収支式から, $\frac{\partial}{\partial t}$ を残すと非定常現象を表現する放物型偏微分方程式,**さらにそこからつながって** $\frac{\partial}{\partial t}$ **をなくすと定常現象を表現する楕円型偏微分方程式をつくることができた。そして,収支の原理ではない原理,ここでは,運動方程式から双曲型偏微分方程式をつくった。偏微分方程式はあくまでつくるものなのだ。与えられて解くだけではつまらない。**

第3章　つくるのがたいへんな偏微分方程式

　ベクトル表示は，3次元でつくった複雑な数式をすっきり見せるのに役立った。ナブラ ∇ はジワジワ流束に登場する勾配三人衆の法則を示すベクトルである。また，∇ と流束との内積は（**出**−**入**）であり，これはまさに微小体積から外へ発散する物理量の量を表すスカラーである。

図3.15　一度，高い山に登れば（一般式を立てる），他の山の登り方（具体的な場面の式）が見えてくる

　この章では，つくるのがたいへんな偏微分方程式を，マヘモ現象のうちのマとヘに適用して，つくった。つくる原点はあくまで，

　　入−**溜**−**消**＝**出**

であり，これを変形した

　　−**溜**−**消**＝**出**−**入**

である。ヘ（heat）を例にとれば，**溜**は時間についての1階微分 $\dfrac{\partial T}{\partial t}$ を生み，そして（**出**−**入**）は ∇ と熱流束と

の内積を生んだ。これが収支式から偏微分方程式が生まれるしくみである。扱う現象が複雑になると，消がゼロでなかったり，座標が3次元になっていたりしているので，収支式をつくり変形していくプロセスがややっこしくなっているけれども，それだけの話である。本質的にむずかしくなっているわけではないのだ。具体的な場面を頭の中で描きながら堂々と偏微分方程式をつくっていけばよい。

第**4**章

ふしぎに解けていく
偏微分方程式

4-1 | 偏微分方程式の解法の分類

🐚 紙とエンピツと忍耐

　偏微分方程式をつくっただけでは話を終われない。例えば第3章の3-1では、熱の「入溜消出」の収支を考えることで、

$$-(\rho C_\mathrm{p})\frac{\partial T}{\partial t} - \frac{2h}{R}(T-T_\mathrm{a}) = -k\frac{\partial^2 T}{\partial z^2} \quad (3.12) \text{ の変形}$$

という偏微分方程式をつくった。しかしこれでは不十分である。というのは、現象が起きている場での物理量を、できれば時間や位置の関数として、

$$T = (t \text{ と } z \text{ の入っている関数}) \quad (4.1)$$

というふうに最終的には表したいのである。このような具体的な $T(t,z)$ を求めることを**偏微分方程式を解く**（solve）という。とはいっても，偏微分方程式を解くにはそれなりの数学の理論が必要である。

偏微分方程式の解法には**解析解法**（analytical method）と**数値解法**（numerical method）とがある。解析解法には変数分離法，変数結合法，演算子法などがあり，一方，数値解法には有限差分法，有限要素法，境界要素法などがある。私は偏微分方程式の勉強を始めてから45年も経っていても，偏微分方程式を専門とはしていないので最先端の解法については知らない。

解析解法には鉛筆とノート，そして忍耐が必要である。数値解法にはコンピュータとプリンター，そして忍耐が必要である。コンピュータを動かすのはプログラムである。私は学生の頃，"HITAC" という名の日立製のスーパーコンピュータに操られていた。"FORTRAN" という数値計算用のプログラミング言語を使ってプログラムをつくった。あれだけやったのに，今，覚えているのは DO-CONTINUE 文だけだ。情けない。

ミシンの会社 "JUKI" と刻まれたプレートが貼ってある機械の前に座って，1 行のプログラムに対して 1 枚のカード（横 25 cm，縦 8 cm ぐらいの厚紙）に穴を開けた。そのカードを順にぎっしりと並べて箱に入れ大型計算機センターに持ち込んだ。そこで，カードをコンピュータにつながったカードリーダーという装置に読み取ってもらった。うまく読み取られると計算開始待ちの状態になり，そのうち計算が始まった。

第4章　ふしぎに解けていく偏微分方程式

翌日，大型計算機センターの玄関前に朝から並んで出力結果を楽しみに待った。すると，折り畳まれたA3サイズの出力用紙に，エラーメッセージがずらりと並んでいるか，

図 4.1　数値解法には忍耐が必要？

桁が大きすぎる，または小さすぎる値がずらりと並んでいた。そんなことが長く続いたせいで，私は数値解法に対して苦手意識をもってしまった（図 4.1）。

最近では，いろいろな形や性質をもった流体や固体中の濃度，温度，速度の分布を計算できるプログラムが市販されている。もちろん計算速度や精度に応じて価格が異なる。場の形状や物性を選んで，境界条件や初期条件を代入すれば，計算結果が出るようだ。地球規模での気候の予測，原子炉での温度分布の予測など，実験のできないこと，あるいは実験のしにくいことの解析をするのに有効だ。こうした手法は**数値シミュレーション**（simulation）と呼ばれている（図 4.2）。

この本では，私の好きな放物型偏微分方程式を，私が得意とするラプラス変換法によって解いていこう。ラプラス変換法は解析解法の中の演算子（"えんざんこ"でなく"えんざんし"と読む。英語では operator）法の代表である。ラプラス変換法は偏微分方程式の解法の中でも最もとっつきやすいのだ。

もちろん，この世のどんな偏微分方程式でもラプラス変換法

図 4.2 数値シミュレーションで地球規模の気候を予測する

によって解けるかというとそうではないようだ。"変数分離"や"フーリエ変換"などなど，他の有名な解析解法についてはその筋の数学の本を当たってほしい。

4-2 ラプラス変換表をつくる

役に立つ数学もある

イプシロン-デルタ論法，ベクトルの外積，行列の固有値など，いろいろな数学用語を学生時代に学んだ。当時，授業を聴いてもよくわからなかった。いまでもそのままだ。しかし，ラプラス変換法だけは違った。教科書を読んでいて感動したのである。すごい方法だと思った。そのときの教科書は門田松亀先生の著書『入門演算子法』だった。これがよかったんだと思う。あのときの感動をこの本でみなさんに体験してもらえるようにがんばりたい。

関数は，ラプラス変換によって**原空間**から**像空間**へ移動する。原空間を t 空間，像空間を s 空間とも呼ぶ。空間という名前がついているけれども，空間座標でいう空間の意味とは

第 4 章　ふしぎに解けていく偏微分方程式

図 4.3　ラプラス変換によってオモテの世界（原空間）からウラの世界（像空間）へ移動する

違う。t という記号で書かれていても，これが時間変数とも限らないのだ。物理的な時間や空間に比べてもっと抽象的な世界なので，原空間を**オモテの世界**，そして像空間を**ウラの世界**と呼ぶことにしたい。川端康成『雪国』風に言うと，「ラプラス変換を抜けると，そこは像空間だった」（図 4.3）。

🐚 ラプラス変換の定義

ラプラス変換の定義から始めよう。$f(t)$ という関数をラプラス変換するには，e^{-st} を掛けて，その関数を t について 0 から ∞ まで定積分する。

$$F(s) = \int_0^\infty f(t) e^{-st} dt \tag{4.2}$$

この積分が**ラプラス変換**（Laplace transform）の定義である。t の関数を定積分すると，t は 0 や ∞ を代入されて消え

るので，ラプラス変換をして得られる式は t ではなく s の関数 $F(s)$ になる。s は，オモテの世界では定数扱い，ウラの世界では変数扱いである。この式 (4.2) で，右辺の s は正の数とする。それなりに大きな値だとしておく。この定義式を毎度毎度書くのはたいへんなので，簡略な書き方がある。

$$F(s) = \mathcal{L}\{f(t)\} \tag{4.3}$$

右辺の記号 $\mathcal{L}$ は L の飾り文字で，Laplace 変換の頭文字である。数学の本ではこの書き方がよくある。もっと簡略な書き方もある。

$$f(t) \supset F(s) \tag{4.4}$$

記号 $\supset$ で開いている方の関数 $f(t)$ をラプラス変換すると，閉じている方の関数 $F(s)$ になるという意味である。いちばん簡単なので，この本ではこの記号を採用する。

この本は偏微分方程式を扱うのだから，関数を支配する変数が最低でも 2 つは必要である。なのに，ここまでのラプラス変換の話では関数は $f(t)$ であり，変数が 1 つだけだ。これではいけない。偏微分方程式を解くのに備えて，2 変数，例えば，時間 t と z 方向の距離 z の関数 $f(t,z)$ のラプラス変換を定義しておこう。このときには，まず初めに，t 空間を s 空間に，つぎに z 空間を σ 空間に変えていく。2 段構えである（図 4.4）。s, σ と名付けた理由は私は知らない。先駆者が決めたのだろう。記号で書けば，

$$f(t,z) \supset U(s,z) \supset V(s,\sigma) \tag{4.5}$$

すなわち，

第 4 章　ふしぎに解けていく偏微分方程式

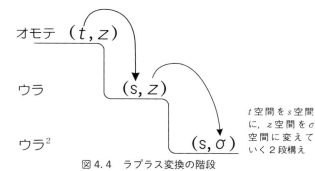

図 4.4　ラプラス変換の階段

t 空間を s 空間に，z 空間を σ 空間に変えていく 2 段構え

$$U(s,z) = \int_0^\infty f(t,z)e^{-st}\partial t \tag{4.6}$$

$$V(s,\sigma) = \int_0^\infty U(s,z)e^{-\sigma z}\partial z \tag{4.7}$$

ということになる．1 段目の $f(t,z) \supset U(s,z)$ のラプラス変換はオモテの世界からウラの世界への変換である．2 段目の $U(s,z) \supset V(s,\sigma)$ のラプラス変換はウラの世界からウラウラ（以後，略して，ウラ²）の世界への変換である．山本リンダさんが歌う♪♪ウララ，ウララ，ウラウラよ♪♪は私からするとラプラス変換法の応援歌である（図 4.5）．

　ラプラス変換は，式だけ見るとめんどくさそうだが，そうではない．一度計算しておけば，そのあとは"ラプラス変換表"という表をつくっておいて，それを見れば済むという仕組みである．先人の努力により，昔からいろいろな関数がラプラス変換されてきたので自分で全部つくる必要はない．楽なものだ．

図 4.5 ラプラス変換の応援歌?!

ラプラス変換表を辞書のように使って，オモテの世界での式を機械的にラプラス変換してウラの世界での式になおす。もちろん，オモテからウラへ，ウラからウラ^{2}へ移っただけでは解けたことにはならない。偏微分方程式をウラの世界へ，さらにはウラ^{2}の世界へ変換してわかりやすくして，そこから再びウラの世界，さらにはオモテの世界へ戻って解を出すのだ。オモテ→ウラ→ウラ^{2}のプロセス，すなわち，

$$f(t, z) \supset U(s, z) \supset V(s, \sigma) \tag{4.8}$$

がラプラス変換である。そこから元の $f(t)$ に戻ってくるにはウラ^2→ウラ→オモテというプロセスを踏む。すなわち，左から右へ，

$$V(s, \sigma) \subset U(s, z) \subset f(t, z) \tag{4.9}$$

である。このプロセスを**ラプラス逆変換**（inverse Laplace transform または Laplace inversion）と呼んでいる。式 (4.8) と式 (4.9) を見比べると，関数を跨ぐ記号が逆に向いていることに注意してほしい。

第4章 ふしぎに解けていく偏微分方程式

🌀 ラプラス・セブン

それでは，ラプラス変換表と逆変換表をつくろう。つぎの7つの関数について定義に従って計算していく。

"ラプラス・セブン"オモテの関数表

(1)　$f(t)$　　　　　　　　(2)　a（＝定数）

(3)　$\cosh at$　　　　　　(4)　$\sinh at$

(5)　$\dfrac{\partial f(t)}{\partial t}$　　　　　　(6)　$\dfrac{\partial^2 f(t)}{\partial t^2}$

(7)　$1 - \mathrm{erf}\left(\dfrac{a}{\sqrt{4t}}\right)$

この中に一見変わった関数があるので紹介しておこう。まず，(3) と (4) の $\cosh at$ と $\sinh at$ は次のように定義されている。

$$\cosh at = \frac{e^{at} + e^{-at}}{2} \tag{4.10}$$

$$\sinh at = \frac{e^{at} - e^{-at}}{2} \tag{4.11}$$

cosh, sinh は**双曲線関数**（hyperbolic function）と呼ばれるもので，それぞれ**ハイパーボリックコサイン，ハイパーボリックサイン**と読む（hyperbolic は"双曲線"の意味）。それぞれを2乗して引き算すると1になる（$\cosh^2 at - \sinh^2 at = 1$）ので，双曲線の式 $x^2 - y^2 = 1$ に似ていることからこの名がある。また，(7) に登場する関数 erf は**誤差関数**（error function）という名前の関数だ。この誤差関数については第5章で詳しく紹介するのでお楽しみに。

関数（1）のラプラス変換

（1）は，定義のとおり。

$$f(t) \supset F(s) \tag{4.12}$$

関数（2）のラプラス変換

（2）の定数aのラプラス変換は，ラプラス変換の定義式（4.2）に$f(t)=a$を代入して，

$$\begin{aligned}
\int_0^\infty ae^{-st}\mathrm{d}t &= \left[a\left(-\frac{1}{s}\right)e^{-st}\right]_0^\infty \\
&= a\left\{\left(-\frac{1}{s}\right)e^{-s\infty} - \left(-\frac{1}{s}\right)e^{-s0}\right\} \\
&= a\left(-\frac{1}{s}\right)(0-1) \\
&= \frac{a}{s}
\end{aligned} \tag{4.13}$$

と求められる。なぜこうなるかというと，sが正の数なら$e^{-s\infty}=\dfrac{1}{e^{s\infty}}$はゼロになるからである。

関数（3）のラプラス変換

（3）は，またもやラプラス変換の定義式（4.2）に代入。

第 4 章　ふしぎに解けていく偏微分方程式

$$\int_0^\infty (\cosh at) e^{-st} \mathrm{d}t = \int_0^\infty \frac{e^{at}+e^{-at}}{2} e^{-st} \mathrm{d}t$$

ウラの世界では s が主役なので，s を中心に変形を進める。

$$= \frac{1}{2}\int_0^\infty \{e^{-(s-a)t}+e^{-(s+a)t}\}\mathrm{d}t$$

$$= \frac{1}{2}\left[-\frac{1}{s-a}e^{-(s-a)t}-\frac{1}{s+a}e^{-(s+a)t}\right]_0^\infty$$

$$= \frac{1}{2}\left\{-\frac{1}{s-a}(0-1)-\frac{1}{s+a}(0-1)\right\}$$

$$= \frac{1}{2}\left(\frac{1}{s-a}+\frac{1}{s+a}\right)$$

$$= \frac{s}{s^2-a^2} \qquad (4.14)$$

関数（4）のラプラス変換

（3）と同様に，（4）は，

$$\int_0^\infty (\sinh at) e^{-st} \mathrm{d}t = \int_0^\infty \frac{e^{at}-e^{-at}}{2} e^{-st} \mathrm{d}t$$

$$= \frac{1}{2}\int_0^\infty \{e^{-(s-a)t}-e^{-(s+a)t}\}\mathrm{d}t$$

となる。（3）のときと比べると，{ } 内の真ん中の符号がプラスからマイナスに変わっただけだから，式（4.14）の1つ前の式から変形していくと，次のようになる。

$$= \frac{1}{2}\left(\frac{1}{s-a} - \frac{1}{s+a}\right)$$

$$= \frac{a}{s^2 - a^2} \qquad (4.15)$$

関数（5）のラプラス変換

1階の微分（5）は，ラプラス変換の定義式（4.2）に代入しても，

$$\int_0^\infty \frac{\partial f(t)}{\partial t} e^{-st} dt \qquad (4.16)$$

となるだけで，このままではどうにもならない。

ここでは，"部分積分法"を適用すると前進できる。部分積分法を復習しておこう。2つの関数 $f(t)$ と $g(t)$ の掛け算の微分が，

$$[f(t)g(t)]' = f'(t)g(t) + f(t)g'(t) \qquad (4.17)$$

となることはよく知られている。右辺の第1項に注目して左辺にもってくると，

$$f'(t)g(t) = [f(t)g(t)]' - f(t)g'(t) \qquad (4.18)$$

となり，この両辺を積分すると，

$$\int f'(t)g(t)dt = f(t)g(t) - \int f(t)g'(t)dt \qquad (4.19)$$

が成り立つ。この式（4.19）が**部分積分法**と呼ばれている。

さて，式（4.16）と式（4.19）とを見比べる。$f'(t)$ をまさ

しく $\dfrac{\partial f(t)}{\partial t}, g(t)$ を e^{-st} とおいて，部分積分法を利用する。s は t について定数なので，$g'(t)=(-s)e^{-st}$ である。

$$\int_0^\infty f'(t)g(t)\mathrm{d}t = \Bigl[f(t)g(t)\Bigr]_0^\infty - \int_0^\infty f(t)g'(t)\mathrm{d}t$$

$$\int_0^\infty \dfrac{\partial f(t)}{\partial t} e^{-st}\mathrm{d}t = \Bigl[f(t)e^{-st}\Bigr]_0^\infty - \int_0^\infty f(t)(-s)e^{-st}\mathrm{d}t$$

$$= \Bigl[f(t)e^{-st}\Bigr]_0^\infty + s\int_0^\infty f(t)e^{-st}\mathrm{d}t \quad (4.20)$$

を得る。もはやここまでと思いきや，右辺第 2 項の積分はラプラス変換の定義式そのもの。というわけで，

$$= (f(\infty)e^{-s\infty} - f(0)e^{-s0}) + sF(s)$$

ここで，$f(t)$ と e^{-st} との掛け算は t を無限大にもっていったときに，s が正の値でそれなりに大きいなら e^{-st} の方が圧倒的にゼロに近づくので，$f(\infty)e^{-s\infty}$ はゼロになるとしてよい。それから $e^{-s0}=e^0=1$ だ。

$$= 0 - f(0) + sF(s) \quad (4.21)$$

ウラの世界では s が主役なので，s の入っている項を前に出す。

$$= sF(s) - f(0) \quad (4.22)$$

関数（6）のラプラス変換

2 階の微分（6）のラプラス変換をするには，またもや部分積分法を利用する。部分積分法の公式（4.19）の f' にさらに

もう1個微分記号「′」を取り付ければ,

$$\int f''(t)g(t)\mathrm{d}t = f'(t)g(t) - \int f'(t)g'(t)\mathrm{d}t \quad (4.23)$$

が成り立つ。この $f''(t)$ をまさしく $\dfrac{\partial^2 f(t)}{\partial t^2}$, $g(t)$ を e^{-st} とおく。したがって,

$$\int_0^\infty \frac{\partial^2 f(t)}{\partial t^2} e^{-st}\mathrm{d}t = \left[f'(t)e^{-st}\right]_0^\infty - \int_0^\infty f'(t)(-s)e^{-st}\mathrm{d}t$$

$$= \left[f'(t)e^{-st}\right]_0^\infty + s\int_0^\infty f'(t)e^{-st}\mathrm{d}t$$

である。ここで, 右辺第2項の積分は1階微分 $\dfrac{\partial f(t)}{\partial t}$ のラプラス変換の定義式そのものなので, 式 (4.22) を代入して,

$$= (f'(\infty)e^{-s\infty} - f'(0)e^{-s0}) + s(sF(s) - f(0))$$

$f'(\infty)e^{-s\infty}$ は先ほどの式 (4.21) での変形と同様の理由からゼロにしてよい。そして, $e^{-s0}=1$ だ。主役である s の入っている項を前に出して,

$$= s^2 F(s) - sf(0) - f'(0) \quad (4.24)$$

というふうに, 2階微分のラプラス変換が求まった。

こうなると, 調子に乗って3階の微分 $\dfrac{\partial^3 f(t)}{\partial t^3}$ のラプラス変換も求めたくなる。実際やってみると,

$$\int_0^\infty \frac{\partial^3 f(t)}{\partial t^3} e^{-st}\mathrm{d}t$$
$$= (0 - f''(0)e^{-s0}) + s(s^2 F(s) - sf(0) - f'(0))$$

第4章 ふしぎに解けていく偏微分方程式

$$= s^3 F(s) - s^2 f(0) - s f'(0) - f''(0) \tag{4.25}$$

になる。3階の微分はこの本には登場しない。それでも，**オモテの世界での n 階の微分方程式が，ウラの世界では s についての n 次方程式になる**という，重要なしくみがわかった。

> 関数（7）のラプラス変換

（7）の誤差関数のラプラス変換は私にはできない。数学の本から写してきた。勘弁してほしい。

（1）から（7）のラプラス変換の結果をまとめると，ラプラス変換表の完成である（表4.1）。この表でウラの世界に登場する7つの関数をラプラス変換にちなんで"ラプラス・セブン"と呼ぶことにしよう（図4.6）。頼もしい。♪♪セブン，セブン，ラプラス・セブン♪♪。この"ラプラス・セブン"を眺めると，ラプラス変換法の威力がわかる。微分が微分でなくなっている。1階の微分なら $F(s)$ に s が1回掛かり，2

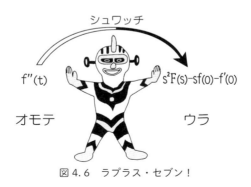

図4.6 ラプラス・セブン！

表 4.1　ラプラス変換表

	オモテ	⊃	ウラ
(1)	$f(t)$		$F(s)$
(2)	定数 a		$\dfrac{a}{s}$
(3)	$\cosh at$		$\dfrac{s}{s^2-a^2}$
(4)	$\sinh at$		$\dfrac{a}{s^2-a^2}$
(5)	$\dfrac{\partial f(t)}{\partial t}$		$sF(s)-f(0)$
(6)	$\dfrac{\partial^2 f(t)}{\partial t^2}$		$s^2F(s)-sf(0)-f'(0)$
(7)	$1-\mathrm{erf}\left(\dfrac{a}{\sqrt{4t}}\right)$		$\dfrac{1}{s}\exp(-a\sqrt{s})$

表 4.2　ラプラス逆変換表

	ウラ	⊂	オモテ
(1)	$F(s)$		$f(t)$
(2)	$\dfrac{a}{s}$		定数 a
(3)	$\dfrac{s}{s^2-a^2}$		$\cosh at$
(4)	$\dfrac{a}{s^2-a^2}$		$\sinh at$
(7)	$\dfrac{1}{s}\exp(-a\sqrt{s})$		$1-\mathrm{erf}\left(\dfrac{a}{\sqrt{4t}}\right)$

※（5）と（6）は使うことがないので省略

階の微分なら $F(s)$ に s が2回掛かっている。

それから，cosh とか sinh とかハイパーボリックといういかめしい名前をもつ関数が分数関数に変換されている。言い換えると，**大学生レベルの関数をラプラス変換すると，中学生レベルの関数に変身する**。ここがすごい。この調子なら，オモテの世界では強面(こわもて)の偏微分方程式が，ラプラス変換でウラ世界，さらにはウラ^{2}世界に行くと，きっとやさしい方程式になるはずだ。楽しみにしよう。

表4.1を左右逆にして，ウラの世界からオモテの世界を見ると，ラプラス逆変換表ができ上がる（表4.2）。

4-3 放物型偏微分方程式をラプラス変換法で解く

🐚 放物型偏微分方程式のおさらい

第2章でつくった，「○○な△△に，突然，□□」現象を描いた無次元化偏微分方程式をラプラス変換法によって解いていこう。大丈夫。私には"ラプラス・セブン"がついている。「○○な△△に，突然，□□」のマヘモ現象には互いにアナロジーがあるので，"無次元化"を行うことにより，偏微分方程式，初期条件，境界条件とも統一されて表現できた。偏微分方程式は，おなじみ放物型の

$$\frac{\partial \theta}{\partial \tau} = \frac{\partial^2 \theta}{\partial \xi^2} \tag{4.26}$$

である。ここで，θ は無次元の物理量（濃度，温度，速度），τ と ξ はそれぞれ，無次元時間，無次元距離だ。

物理的意味もわからないで，しかも初めのうちは訳のわからないラプラス変換法によって解くのは相当つまらないと予想される。せめて第2章を復習して式（4.26）の物理的意味を知っておいてほしい。そして眠気もなく頭の中がすっきりしているときに，この後に続く数ページを読んでいただきたい。ここでこの本を投げ出しては買うのに払ったお金がもったいない。

偏微分方程式を解くにあたっては初期条件と境界条件が必要だ。初期条件は1つ。ここでは次の条件とする。

$$\text{at} \quad \tau = 0 \quad \theta = 0 \tag{4.27}$$

境界条件は2つ。1つめは，

$$\text{at} \quad \xi = 0 \quad \theta = 1 \tag{4.28}$$

とする。2つめはつぎのどちらか。物理的状況によって違う。

$$\text{at} \quad \xi = 1 \quad \frac{\partial \theta}{\partial \xi} = 0 \tag{4.29}$$

$$\text{at} \quad \xi = \infty \quad \theta = 0 \tag{4.30}$$

2つめの境界条件のうち，下の式（4.30）の方が，関数 θ が微分でない分，使い勝手がよい。しばらくの間，この2番めの境界条件を使うことにする。ξ が ∞ の位置で $\theta = 0$ という境界条件は，無限に深い場，例えば，無限に厚い高野豆腐，無限に厚いお尻，そして無限に深い湖での現象に対応する。

第4章 ふしぎに解けていく偏微分方程式

これはむしろ、深さを感じない初期すなわち時間があまり経っていない現象に相当すると考えた方がよい。無限に厚い高野豆腐なんて誰も食べ尽くすことはできない（図4.7）。

無限に厚い
高野豆腐を
食べている巨大怪獣

図4.7 「無限深さ」という境界条件

🐚 ラプラス変換／逆変換のはるかなる旅路

ここからは $\theta(\tau, \xi)$ のように、関数記号に続く括弧の中に変数をていねいに書いていくことにする。括弧の中の変数を見れば、現在地、すなわちオモテ、ウラ、またはウラ^{2}の世界を判別できるからだ。

$$\frac{\partial \theta(\tau, \xi)}{\partial \tau} = \frac{\partial^2 \theta(\tau, \xi)}{\partial \xi^2} \tag{4.31}$$

初期条件： at $\tau = 0$ $\theta(0, \xi) = 0$ (4.32)
境界条件その1：at $\xi = 0$ $\theta(\tau, 0) = 1$ (4.33)
境界条件その2：at $\xi = \infty$ $\theta(\tau, \infty) = 0$ (4.34)

ラプラス変換をしていくと、関数記号 $\theta(\tau, \xi)$ はつぎのように記号が変わっていく。同時に括弧の中の2つの変数も組み合わせが変わっていく。

$$\theta(\tau, \xi) \supset U(s, \xi) \supset V(s, \sigma) \tag{4.35}$$

そして、ラプラス逆変換をしていくと、つぎのように関数

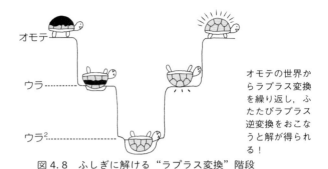

図 4.8 ふしぎに解ける "ラプラス変換" 階段

オモテの世界からラプラス変換を繰り返し、ふたたびラプラス逆変換をおこなうと解が得られる！

記号が元に戻っていく。ここでも，もちろん同時に括弧の中の 2 つの変数の組み合わせも元に戻っていく。

$$V(s,\sigma) \subset U(s,\xi) \subset \theta(\tau,\xi) \tag{4.36}$$

つぎの 4 段階の作業をする。図 4.8 に示すようにオモテの世界からウラ^{2}の世界まで "ラプラス変換" 階段を下りていって，こんどは一転，ウラ^{2}の世界からオモテの世界まで "ラプラス逆変換" 階段を上っていく。

(1) オモテ→ウラ ：$\theta(\tau,\xi) \supset U(s,\xi)$　　表 4.3 を使う
(2) ウラ→ウラ^2：$U(s,\xi) \supset V(s,\sigma)$　　表 4.4 を使う
(3) ウラ^2→ウラ ：$V(s,\sigma) \subset U(s,\xi)$　　表 4.5 を使う
(4) ウラ→オモテ：$U(s,\xi) \subset \theta(\tau,\xi)$　　表 4.6 を使う

この作業を進めていくと，ふしぎに偏微分方程式の解が得られるからラプラス変換法はすごいのである。感動の現場をこれから体験できますとこの章の中心で叫びたい。私は勝手に気合いを入れている。

第4章　ふしぎに解けていく偏微分方程式

それではいよいよ"ラプラス変換"階段の始まり。

階段（1）オモテ→ウラ

表 4.3 $\theta(\tau,\xi) \supset U(s,\xi)$ **専用のラプラス変換表**

オモテ	$\supset$	ウラ
$\theta(\tau,\xi)$		$U(s,\xi)$
$\dfrac{\partial \theta(\tau,\xi)}{\partial \tau}$		$sU(s,\xi)-\theta(0,\xi)$

※表 4.1（170 ページ）がもと

オモテの偏微分方程式：

$$\frac{\partial \theta(\tau,\xi)}{\partial \tau} = \frac{\partial^2 \theta(\tau,\xi)}{\partial \xi^2} \tag{4.37}$$

の両辺をウラの世界へもっていく。つまり，両辺をラプラス変換する。$\theta(\tau,\xi)$ がウラでは $U(s,\xi)$ になる。ウラの世界では s が主役で，ξ は定数扱いの端役。まず左辺から。

$$\begin{aligned} 左辺 &= \frac{\partial \theta(\tau,\xi)}{\partial \tau} \\ &\supset sU(s,\xi)-\theta(0,\xi) \\ &= sU(s,\xi)-0 \end{aligned} \tag{4.38}$$

ここで，初期条件，式（4.32）を使った。1回使ったらもう使うことはない。つぎは右辺。

$$\text{右辺} = \frac{\partial^2 \theta(\tau, \xi)}{\partial \xi^2}$$

$$\supset \frac{\partial^2 U(s, \xi)}{\partial \xi^2} \qquad (4.39)$$

そしてこれらが等しいのだから,式(4.32)という初期条件のもとで式(4.37)をウラの世界にもちこむと,

$$sU(s, \xi) = \frac{\partial^2 U(s, \xi)}{\partial \xi^2} \qquad (4.40)$$

となるわけである。

階段(2)ウラ→ウラ^2

表 4.4 $U(s, \xi) \supset V(s, \sigma)$ 専用のラプラス変換表

ウラ	$\supset$	ウラ^2
$U(s, \xi)$		$V(s, \sigma)$
$\dfrac{\partial^2 U(s, \xi)}{\partial \xi^2}$		$\sigma^2 V(s, \sigma) - \sigma U(s, 0) - \dfrac{\partial U(s, 0)}{\partial \xi}$

※表 4.1(170 ページ)がもと

ウラの偏微分方程式:

$$sU(s, \xi) = \frac{\partial^2 U(s, \xi)}{\partial \xi^2} \qquad (4.40)\text{の再掲}$$

の両辺をウラ^{2}の世界へもっていく。$U(s, \xi)$ がウラ^{2}では $V(s, \sigma)$ になる。ウラの世界では σ が主役で,s は定数扱い

第4章 ふしぎに解けていく偏微分方程式

の端役。

$$\begin{aligned}
\text{左辺} &= sU(s,\xi) \\
&\supset sV(s,\sigma)
\end{aligned} \tag{4.41}$$

$$\begin{aligned}
\text{右辺} &= \frac{\partial^2 U(s,\xi)}{\partial \xi^2} \\
&\supset \sigma^2 V(s,\sigma) - \sigma U(s,0) - \frac{\partial U(s,0)}{\partial \xi}
\end{aligned} \tag{4.42}$$

ここで，式（4.42）の第2項，第3項はウラの世界での境界条件にかかわっている。ウラの世界での境界とは，ウラの世界の変数 (s,ξ) での $\xi=0$ の位置にあたる。未使用のオモテの世界の2つの境界条件，

オモテの境界条件その1：at $\xi=0$　　$\theta(\tau,0)=1$　（4.43）
オモテの境界条件その2：at $\xi=\infty$　　$\theta(\tau,\infty)=0$　（4.44）

つまり式（4.33）と式（4.34）をここで使うことになる。だが，これらを使うにしても，オモテからウラにもちこんでおかないと使えない。そこで，これらの境界条件の両辺をラプラス変換して，

ウラの境界条件その1：at $\xi=0$　　$U(s,0)=\dfrac{1}{s}$　（4.45）

ウラの境界条件その2：at $\xi=\infty$　　$U(s,\infty)=0$　（4.46）

としておく。定義式（4.2）に戻ればわかるように，0はラプラス変換しても0のままなのだ。ただし，境界条件その2は，$\xi=0$ の値ではなくて $\xi=\infty$ での値なので，この時点では式（4.42）に使えない。そこで，式（4.42）の第3項に必要な

$\dfrac{\partial U(s,0)}{\partial \xi}$ の値はわからないにしても，ウラの世界での境界条件なので s の関数になるはず。そこで，ひとまず

$$\dfrac{\partial \theta(\tau,0)}{\partial \xi} \supset \dfrac{\partial U(s,0)}{\partial \xi}$$
$$= g(s) \qquad (4.47)$$

というウラの世界での関数 $g(s)$ とおいておく。そのうちにウラの境界条件その 2 を使えそうになったら $g(s)$ を決めるとしよう。というわけで，式（4.42）はつぎのようになる。

$$\text{右辺} = \sigma^2 V(s,\sigma) - \sigma U(s,0) - \dfrac{\partial U(s,0)}{\partial \xi}$$
$$= \sigma^2 V(s,\sigma) - \dfrac{\sigma}{s} - g(s) \qquad (4.48)$$

式（4.41）と（4.48）を結べば，ウラの偏微分方程式（4.40）はウラ^2 の世界でつぎの姿に変身する。

$$sV(s,\sigma) = \sigma^2 V(s,\sigma) - \dfrac{\sigma}{s} - g(s) \qquad (4.49)$$

気がつけば式（4.49）には偏微分記号がどこにもない。すなわち，偏微分方程式（4.40）から偏微分が消えて，中学レベルの分数式に変身してしまったというわけである。$V(s,\sigma)$ が知りたいのだから式変形すれば，

$$(\sigma^2 - s) V(s,\sigma) = \dfrac{\sigma}{s} + g(s)$$

第 4 章　ふしぎに解けていく偏微分方程式

$$V(s,\sigma) = \frac{1}{s}\frac{\sigma}{\sigma^2-s} + \frac{g(s)}{\sigma^2-s} \qquad (4.50)$$

を得る。ウラ^2 の世界では偏微分方程式の解はこれである。とはいっても，これでは読者の方にはなっとくしていただけない。$g(s)$ が未知のままだからだ。ウラ^2 からウラそしてオモテへ，ラプラス逆変換の階段を上ってオモテの世界に戻ってゆく。その途中で未使用の境界条件を使って $g(s)$ を決めながら，偏微分方程式の解にたどり着くはずだ。

ここからが"ラプラス逆変換"階段の始まり。

階段（3）ウラ^2 → ウラ

表 4.5　$V(s,\sigma) \subset U(s,\xi)$ 専用のラプラス逆変換表

ウラ^2	$\subset$	ウラ
$V(s,\sigma)$		$U(s,\xi)$
$\dfrac{\sigma}{\sigma^2-(\sqrt{s}\,)^2}$		$\cosh\sqrt{s}\,\xi$
$\dfrac{\sqrt{s}}{\sigma^2-(\sqrt{s}\,)^2}$		$\sinh\sqrt{s}\,\xi$

※表 4.2（170 ページ）がもと

偏微分方程式の"ウラ^2 解"：

$$V(s,\sigma) = \frac{1}{s}\frac{\sigma}{\sigma^2-s} + \frac{g(s)}{\sigma^2-s} \qquad (4.50)\text{ の再掲}$$

を，ウラに戻りやすいように式変形する。"ラプラス・セブン"の登場のお膳立てをするわけだ。右辺をつぎのように変形しておく。

$$\frac{1}{s}\left(\frac{\sigma}{\sigma^2-\sqrt{s}^2}\right)+\frac{g(s)}{\sqrt{s}}\left(\frac{\sqrt{s}}{\sigma^2-\sqrt{s}^2}\right) \tag{4.51}$$

式（4.50）の両辺をラプラス逆変換すると，

$$\text{左辺} = V(s,\sigma) \subset U(s,\xi) \tag{4.52}$$

$$\text{右辺} \subset \frac{1}{s}\cosh\sqrt{s}\xi+\frac{g(s)}{\sqrt{s}}\sinh\sqrt{s}\xi \tag{4.53}$$

となるから，結局，1段階戻ったウラの世界での姿は，

$$U(s,\xi) = \frac{1}{s}\cosh\sqrt{s}\xi+\frac{g(s)}{\sqrt{s}}\sinh\sqrt{s}\xi \tag{4.54}$$

である。ウラからオモテへの"最終"階段を上る前に，ここらでそろそろ $g(s)$ を決定しないといけない。まだ使っていないウラの境界条件その2を使うしかない。$\xi=\infty$ を式（4.54）にまともに代入すれば，$\cosh\sqrt{s}\xi$ も $\sinh\sqrt{s}\xi$ も ∞ になってしまう。このままでは先が見えてこない。

そこで，$\cosh\sqrt{s}\xi$ も $\sinh\sqrt{s}\xi$ も定義式（4.10），（4.11）（163ページ）に戻って変形していく。

$$\begin{aligned} U(s,\xi) &= \frac{1}{s}\cosh\sqrt{s}\xi+\frac{g(s)}{\sqrt{s}}\sinh\sqrt{s}\xi \\ &= \frac{1}{2}\left\{\frac{1}{s}(e^{\sqrt{s}\xi}+e^{-\sqrt{s}\xi})\right\}+\frac{1}{2}\left\{\frac{g(s)}{\sqrt{s}}(e^{\sqrt{s}\xi}-e^{-\sqrt{s}\xi})\right\} \end{aligned}$$

$$= \frac{1}{2}\left(\frac{1}{s} + \frac{g(s)}{\sqrt{s}}\right)e^{\sqrt{s}\xi} + \frac{1}{2}\left(\frac{1}{s} - \frac{g(s)}{\sqrt{s}}\right)e^{-\sqrt{s}\xi} \quad (4.55)$$

ここでようやく，ウラの境界条件その2（式（4.46））を使う。第1項は $e^{\sqrt{s}\xi}$ のため $\xi = \infty$ で ∞ になる。一方，第2項は $e^{-\sqrt{s}\xi}$ のため $\xi = \infty$ でゼロになる。したがって，ウラの境界条件その2を満たすには式（4.55）の第1項の係数がゼロでなければならない。

$$\frac{1}{2}\left(\frac{1}{s} + \frac{g(s)}{\sqrt{s}}\right) = 0 \quad (4.56)$$

これを $g(s)$ について解けば，未知であった $g(s)$ がようやく

$$g(s) = -\frac{1}{\sqrt{s}} \quad (4.57)$$

と決まるわけだ。この $g(s)$ を式（4.55）に代入する。

$$U(s, \xi) = \frac{1}{2}\left(\frac{1}{s} - \frac{g(s)}{\sqrt{s}}\right)e^{-\sqrt{s}\xi}$$

$$= \frac{1}{2}\left(\frac{1}{s} - \frac{-\frac{1}{\sqrt{s}}}{\sqrt{s}}\right)e^{-\sqrt{s}\xi}$$

$$= \frac{1}{s}e^{-\sqrt{s}\xi} \quad (4.58)$$

というウラの解が得られた。なお，e の右肩がこのように記号でごちゃごちゃしてくる場合には，exponential（指数関

数）の略語である "exp" を使って,

$$U(s, \xi) = \frac{1}{s} \exp\left(-\sqrt{s}\,\xi\right). \tag{4.59}$$

と書くのがわかりやすい。$\exp(x)$ は e^x とまったく同じ意味。

> **階段（4）ウラ→オモテ**

表 4.6 $U(s, \xi) \subset \theta(\tau, \xi)$ 専用のラプラス逆変換表

ウラ	$\subset$	オモテ
$U(s, \xi)$		$\theta(\tau, \xi)$
$\dfrac{1}{s} \exp\left(-\sqrt{s}\,\xi\right)$		$1 - \mathrm{erf}\left(\dfrac{\xi}{\sqrt{4\tau}}\right)$

※表 4.2（170 ページ）がもと

これまで初期条件も境界条件もすべて使いきってここまできた。最終段階にきたわけだ。ウラの解（4.59）をオモテに戻すには，ラプラス・セブンの 7 番めを使って,

$$\theta(\tau, \xi) = 1 - \mathrm{erf}\left(\frac{\xi}{\sqrt{4\tau}}\right) \tag{4.60}$$

を得る。これが偏微分方程式（4.26）の解である。おつかれさまでした。この erf（誤差関数）の正体は，第 5 章で明らかになるのでお楽しみに。

第4章 ふしぎに解けていく偏微分方程式

 もう1つの境界条件にチャレンジ

さて，172ページで挙げた"オモテの境界条件その2"は2つあったのだった。そのうちの式（4.29）

境界条件その2：at $\xi = 1$　　$\dfrac{\partial \theta(\tau, 1)}{\partial \xi} = 0$　（4.61）

は，偏微分が入るからとここまで避けていた。以下，こっちの"境界条件その2"を採用するとして偏微分方程式を解いてみよう。オモテの境界条件その2を式（4.61）のようにすると，ウラの境界条件その2は，

ウラの境界条件その2：at $\xi = 1$　　$\dfrac{\partial U(s, 1)}{\partial \xi} = 0$　（4.62）

となる。ウラの関数 $U(s, \xi)$ の偏微分 $\dfrac{\partial U(s, \xi)}{\partial \xi}$ があるから，これを求めよう。$U(s, \xi)$ の具体的な形は，

$$U(s, \xi) = \frac{1}{s} \cosh \sqrt{s}\, \xi + \frac{g(s)}{\sqrt{s}} \sinh \sqrt{s}\, \xi \quad \text{（4.54 再掲）}$$

であったから，これを ξ で微分する*1。s はもちろん定数扱いだ。

---

*1　$\cosh at$ と $\sinh at$ の微分は，ハイパーボリックの定義式（4.10）と（4.11）に戻って微分すると，それぞれ $a \sinh at$ と $a \cosh at$ になる。三角関数の微分 $(\cos at)' = -a \sin at$, $(\sin at)' = a \cos at$ に似ている。ただし cosh の微分では符号が変わらない。

$$\frac{\partial U(s,\xi)}{\partial \xi} = \sqrt{s}\,\frac{1}{s}\sinh\sqrt{s}\,\xi + \sqrt{s}\,\frac{g(s)}{\sqrt{s}}\cosh\sqrt{s}\,\xi$$
$$= \frac{1}{\sqrt{s}}\sinh\sqrt{s}\,\xi + g(s)\cosh\sqrt{s}\,\xi \quad (4.63)$$

こうすれば，式（4.62）の境界条件を代入できる。すると $g(s)$ が，

$$0 = \frac{1}{\sqrt{s}}\sinh\sqrt{s} + g(s)\cosh\sqrt{s}$$
$$g(s) = -\frac{1}{\sqrt{s}}\frac{\sinh\sqrt{s}}{\cosh\sqrt{s}} \quad (4.64)$$

というふうに決まる。そして，この $g(s)$ を式（4.54）に代入すれば，

$$U(s,\xi) = \frac{1}{s}\cosh\sqrt{s}\,\xi + \frac{g(s)}{\sqrt{s}}\sinh\sqrt{s}\,\xi$$
$$= \frac{1}{s}\cosh\sqrt{s}\,\xi - \frac{1}{s}\frac{\sinh\sqrt{s}}{\cosh\sqrt{s}}\sinh\sqrt{s}\,\xi$$
$$= \frac{1}{s}\left(\frac{\cosh\sqrt{s}\,\cosh\sqrt{s}\,\xi - \sinh\sqrt{s}\,\sinh\sqrt{s}\,\xi}{\cosh\sqrt{s}}\right)$$
$$(4.65)$$

というふうにウラの関数 $U(s,\xi)$ が求められた。ただし，このままでは見にくいので，

$$\cosh \bigcirc \cosh \blacktriangle - \sinh \bigcirc \sinh \blacktriangle = \cosh(\bigcirc - \blacktriangle)$$
$$(4.66)$$

第4章　ふしぎに解けていく偏微分方程式

という公式*2（三角関数の加法定理みたいなものである）を使う。

○$=\sqrt{s}$, ▲$=\sqrt{s}\xi$ とおけば，式 (4.65) の分数式の分子がきれいになって，

$$U(s,\xi) = \frac{1}{s}\left[\frac{\cosh\{\sqrt{s}(1-\xi)\}}{\cosh\sqrt{s}}\right] \quad (4.67)$$

となる。これが偏微分方程式 (4.26) を，初期条件を式 (4.27) と境界条件を式 (4.28), (4.29) として解いたウラの世界での解である。ラプラス逆変換表にこの式が載っていればオモテの世界での解 $\theta(\tau,\xi)$ が得られる。偏微分方程式が同じでも，初期条件，境界条件が違えば解が異なってくるのは当然である。お餅をついた日の天気とお餅を入れる枠の形によってお餅の硬さが違ってくる。そうそう，人生もそうか。

4-4 | 常微分方程式をラプラス変換法で解く

🔰 定常→非定常→つぎの定常

私は電車が好きだ。小学生の頃，秋葉原の万世橋のすぐ近くにあった交通博物館へよく出かけた。そこにある大きな鉄道模型を眺めていた。いまでも電車に乗ると，一番前か後ろ

---

*2 cosh と sinh の定義式を左辺に代入すると証明できる。
cosh ○ cosh ▲ $-$ sinh ○ sinh ▲
　$=(1/4)\{(e^○+e^{-○})(e^▲+e^{-▲})-(e^○-e^{-○})(e^▲-e^{-▲})\}$
　$=(1/4)\{(e^{○+▲}+e^{○-▲}+e^{-(○-▲)}+e^{-(○+▲)})$
　　$-(e^{○+▲}-e^{○-▲}-e^{-(○-▲)}+e^{-(○+▲)})\}$
　$=(1/4)\{2e^{○-▲}+2e^{-(○-▲)}\}=\cosh(○-▲)$

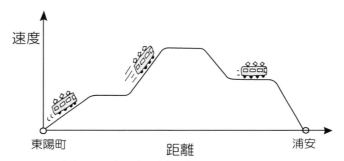

図 4.9　東京メトロ東西線の速度の変遷
平坦な区間が定速過程（定常過程），それ以外が加速や減速過程
（非定常過程）

の車両を選んで乗る．後ろに乗ると車掌さんの行動をじっと観察する．車掌さんが忙しいのは駅に着く直前と駅から出た直後だ．それ以外のときはつぎの駅を案内する車内放送を忘れないように車掌さんは行動している．

　前に乗ると，速度や加速度を感じつつ，運転手さんの運転の様子を観察する．真後ろからだと運転操作がわからないので，運転席を横から覗ける位置に移動する．T字形をしたレバーの横棒に当たる部分を両手で握ってそのレバーを前後に移動させ加速，減速，停止の切り替えをしている．東京メトロ東西線の快速に乗ると，東陽町（とうようちょう）駅から浦安駅まで私の感覚によれば2段の加速に2段の減速がなされる．東陽町駅－浦安駅間の速度の様子を図 4.9 に示す．この図で平坦な区間が定速過程（定常過程），それ以外は加速や減速過程（非定常過程）である．

　ある定常状態から，外部からの刺激を受けて，つぎの定常状態へ移行する過程を遷移状態とも呼ぶ．これは 28 ページ

第4章　ふしぎに解けていく偏微分方程式

でも触れた。そして，非定常過程を描くのが放物型偏微分方程式だった。その**非定常状態の解は，前の定常状態とつぎの定常状態の間にあるはずだ。非定常状態の解の t を無限大にすると，つぎの定常状態の解になる。したがって，定常状態の解を知っておいて損はない。このときに2変数（t, z）が1変数（z）になり，偏微分方程式が常微分方程式に変わる**。もちろん，初期条件は不要になり，z 方向の境界条件が残る。

中華鍋把手用の直径の大きな棒，すなわち太棒だと，芯の部分は温度が高く，外気の当たる表面の部分は温度が低くなる。だから，定常状態だとしても温度を決める変数は（r, z）である。直径が小さくなって細棒になると r 方向に温度分布がなくなってくる。温度分布は z 方向のみと考えてよい。このときに2変数（r, z）が1変数（z）になり，偏微分方程式が常微分方程式に変わる。もちろん，r 方向の境界条件は不要になり，z 方向の境界条件が残る。

このように常微分方程式は偏微分方程式と対抗して離れたところにあるのではなく，常微分方程式は偏微分方程式の一部である。仲よくやっていけるはずだ。

そこで，偏微分方程式を解くのにせっかく覚えたラプラス変換法を利用して常微分方程式を解いていこう。オモテ→ウラ→ウラ^2→ウラ→オモテという偏微分方程式の階段よりも，オモテ→ウラ→オモテという常微分方程式の階段の方が上り下りが楽だ。

いわゆる常微分方程式をつくる

第3章の 3-1 でつくった 消 の入った放物型偏微分方程式

$$-(\rho C_\mathrm{p})\frac{\partial T}{\partial t}-\frac{2h}{R}(T-T_\mathrm{a})=-k\frac{\partial^2 T}{\partial z^2} \quad (3.12) \text{ の変形}$$

は,"中華鍋の把手の温度 T が,長さ方向の距離 z とチャーハンを調理し始めてからの時間 t で決まります"ということを示す式であった。この式の定常状態版を解こう。定常であるから,非定常項の 溜,すなわち左辺の第1項をゼロにする。

$$\frac{2h}{R}(T-T_\mathrm{a})=k\frac{\partial^2 T}{\partial z^2} \tag{4.68}$$

これに伴って初期条件は不要になった。2つの境界条件だけを挙げる。

境界条件その1:at $\quad z=0 \quad T=T_1$ (4.69)

境界条件その2:at $\quad z=L \quad q_z=-k\dfrac{\partial T}{\partial z}=0$ (4.70)

T_a や T_1 といった定数の意味は前章 118〜121 ページを参照してほしい。さて,式(4.68)を微分方程式っぽくする。すなわち,2階,1階と高い階ほど前にあるように並べ替える。

$$k\frac{\partial^2 T}{\partial z^2}-\frac{2h}{R}(T-T_\mathrm{a})=0 \tag{4.71}$$

ラプラス変換法によってこの常微分方程式を解く前に,第

第 4 章 ふしぎに解けていく偏微分方程式

2 章で学んだように式（4.71）を無次元化しよう。まず T_a は定数なので，微分すれば 0 になる。これを利用すれば，

$$k\frac{\partial^2 (T-T_a)}{\partial z^2} - \frac{2h}{R}(T-T_a) = 0 \tag{4.72}$$

としても式（4.71）と同じ意味になる。この偏微分方程式の変数は z だけだ。基準長さを L にすれば無次元距離 ξ は 0 から 1 の間に入る。

$$z = L\xi \tag{4.73}$$

同様に，無次元温度 θ も 0 から 1 の間に入るように，

$$(T-T_a) = (T_1-T_a)\theta \tag{4.74}$$

とすればよい。これら ξ, θ を式（4.72）に代入すれば，

$$k\frac{\partial^2 \{(T_1-T_a)\theta\}}{\partial (L\xi)^2} - \frac{2h}{R}(T_1-T_a)\theta = 0 \tag{4.75}$$

となり，さらに変形して，

$$\frac{\partial^2 \theta}{\partial \xi^2} - \left(\frac{2hL^2}{kR}\right)\theta = 0 \tag{4.76}$$

を得る。（　）以外の部分がすべて無次元なので，（　）の中身は無次元にならざるを得ない。実際に，$\frac{2hL^2}{kR}$ の単位を計算すると無次元になる。念のために，h, k, L, そして R はそれぞれ熱伝達係数（118 ページ），熱伝導度（57 ページ），把手の長さ，そして半径を表す。単位はそれぞれ J／(m²s℃)，

J/(m s℃),m,そしてmである。この $\dfrac{2hL^2}{kR}$ を K とおく。

🔶 ラプラス変換の再登場

さて,ラプラス変換法の適用が近づいてきたので,関数記号 θ のカッコの中の変数をていねいに書き込んでいくことにする。

$$\frac{\partial^2 \theta(\xi)}{\partial \xi^2} - K\theta(\xi) = 0 \tag{4.77}$$

境界条件その1:at $\xi = 0$ $\quad \theta(0) = 1$ (4.78)

境界条件その2:at $\xi = 1$ $\quad \dfrac{\partial \theta(1)}{\partial \xi} = 0$ (4.79)

では,この偏微分方程式(4.77)をラプラス変換法によって解いていく。2変数の関数 $\theta(\tau,\xi)$ ではなく1変数の関数 $\theta(\xi)$ なので,オモテ→ウラ→オモテという階段で済む。ウラ^2 の世界は登場しない。すなわち,ラプラス変換によって,

$$\theta(\xi) \supset F(s) \tag{4.80}$$

とオモテからウラへ移り,ラプラス逆変換によって,

$$F(s) \subset \theta(\xi) \tag{4.81}$$

とウラからオモテに戻ってくればいいのである。

階段(1)オモテ→ウラ

オモテの常微分方程式は,

第 4 章 ふしぎに解けていく偏微分方程式

$$\frac{\partial^2 \theta}{\partial \xi^2} - K\theta = 0 \qquad \text{(4.77) の再掲}$$

である。この両辺をラプラス変換すると,

$$\text{左辺} \supset s^2 F(s) - s\theta(0) - \frac{\partial \theta(0)}{\partial \xi} - KF(s) \qquad (4.82)$$

$$\text{右辺} \supset 0 \qquad (4.83)$$

となる。これらを結べばウラの方程式のでき上がりである。

$$s^2 F(s) - s\theta(0) - \frac{\partial \theta(0)}{\partial \xi} - KF(s) = 0 \qquad (4.84)$$

ここで,左辺第 2 項に境界条件その 1 を使える。境界条件その 2 は $\xi=1$ での値なので左辺第 3 項 $\frac{\partial \theta(0)}{\partial \xi}$ には使えない。$\frac{\partial \theta(0)}{\partial \xi}$ は定数なので,ひとまず新しい記号 C とおいて,そのうちに決めることにしよう。

ウラの世界では $F(s)$ が主役なので,式 (4.84) を $F(s)$ について解くと,つぎのようになる。

$$(s^2 - K)F(s) = s + C$$

$$F(s) = \frac{s}{s^2 - K} + \frac{C}{s^2 - K} \qquad (4.85)$$

C は決まっていないにしても,これが常微分方程式の,ウラの世界での立派な解である。

階段（2）ウラ→オモテ

ウラの解は，

$$F(s) = \frac{s}{s^2-K} + C\frac{1}{s^2-K} \tag{4.86}$$

であるから，"ラプラス・セブン"を意識してこれを変形すると，

$$F(s) = \frac{s}{s^2-\sqrt{K}^2} + \frac{C}{\sqrt{K}}\frac{\sqrt{K}}{s^2-\sqrt{K}^2} \tag{4.87}$$

である。この両辺は容易にラプラス逆変換できる。

$$\theta(\xi) = \cosh\sqrt{K}\xi + \frac{C}{\sqrt{K}}\sinh\sqrt{K}\xi \tag{4.88}$$

さて，そろそろ C を決める頃合いだ。

$$\frac{\partial\theta(\xi)}{\partial\xi} = \sqrt{K}\sinh\sqrt{K}\xi + C\cosh\sqrt{K}\xi \tag{4.89}$$

ここに，まだ使っていない境界条件その 2（式 (4.79)）を使うと，

$$0 = \sqrt{K}\sinh\sqrt{K} + C\cosh\sqrt{K}$$
$$C = -\frac{\sqrt{K}\sinh\sqrt{K}}{\cosh\sqrt{K}} \tag{4.90}$$

と C が決まった。これを式 (4.88) に代入して，オモテの解にたどり着く。

$$\theta(\xi) = \cosh\sqrt{K}\xi - \frac{\sinh\sqrt{K}}{\cosh\sqrt{K}}\sinh\sqrt{K}\xi \tag{4.91}$$

この式はなんだかごちゃごちゃしていて美しくない。$\cosh\sqrt{K}$ で通分する。

$$\theta(\xi) = \frac{\cosh\sqrt{K}\cosh\sqrt{K}\xi - \sinh\sqrt{K}\sinh\sqrt{K}\xi}{\cosh\sqrt{K}} \tag{4.92}$$

すると，式（4.66）の公式が利用できる。○$=\sqrt{K}$，▲$=\sqrt{K}\xi$ とおけば，結局，オモテ世界で私たちがきっちりと実感できる解はつぎのように求まる。

$$\theta(\xi) = \frac{\cosh\{\sqrt{K}(1-\xi)\}}{\cosh\sqrt{K}} \tag{4.93}$$

美しい形になった。現象が単純化されすっきりしていると解もすっきりしているのが数学という道具のよさだ。

第4章のまとめ

　数値解法によればすべての偏微分方程式を解くことができると，数値解法に苦手意識をもつ私が宣言しても信用されるかどうかわからない。手にした数値解の正確さ（精度）や，その解を得るのにかかる時間や費用について私は知らない。いまから40年前，私が若かりし頃，プログラムを打ち込んだカードの束を専用ケースに入れて大

型計算機センターに運んでいた時代には，相応の計算費用がかかるのを心配して計算の回数や範囲を制限していた。いまならその程度の計算をパソコンはすぐにやってのけるそうだ。したがって，相当の偏微分方程式はパソコンを使って数値解法によって解けそうである。

昔ながらの解析解法は，数値解法に比べて，解ける偏微分方程式の数に制限があるので形勢不利である。解析解のある偏微分方程式について数値解を求めて，比較し，数値解法の正しさを点検することができる。

数値解が平面図なら，解析解は鳥瞰図だ。本質を見抜く力や間違いに気づく力を解析解は与えてくれる。解析することの大切さを忘れてはいけない。

ラプラス変換法を使うと，大学生レベルの関数が中学生レベルの関数に変身した。たとえるなら，**ラプラス変換法は，むずかしい英文を英和辞典を使って和文に直して，もう一度，逆英和（和英）辞典を使って平易な英文に書き直すような作業である**（図 4.10）。

  オモテ：Heavy rain prevented me from going to the station.

この英文をラプラス変換すると，

  ウラ： 大雨が降って私は駅まで行けなかった。

この和文をラプラス逆変換すると，

第4章 ふしぎに解けていく偏微分方程式

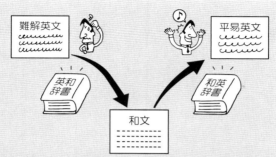

図4.10 ラプラス変換法は，むずかしい英文を和文に直して，もう一度，やさしい英文に直すようなもの

オモテ：Because of heavy rain, I could not go to the station.

大学生レベルの英文がやさしくなって中学生レベルの英文に変身した。

ラプラス変換法を便利な道具として大いに使えばよいと思う。偏微分方程式（とその特別な場合の常微分方程式）に，ラプラス変換法はしっかりと適用できた。そのとき，山本リンダさんとラプラス・セブンが応援してくれた。

第5章

解をグラフで味わう
偏微分方程式

5-1 | プリンカラメルのしみ込み

🦪 高級プリンの味の秘訣

プリンは私の好物の1つである。今は,血液中の総コレステロールを下げる必要があって一瞬考えてから食べることにしている。以前,先輩のN先生にその日の1時間前に誘われて,観光バスに乗って千葉県四街道市にある工業団地を訪ねた。総勢20名ほどだった。到着すると,思いもよらず,そこには"焼きプリン"製造専用工場があった。

食品工場なので衛生管理上,私のようなコンタミ(contamination,汚染)源が製造エリアに入れてもらえるはずもなく,全員,工場内の食堂に招かれた。そこには焼きプリンが一人一人に用意されていた。私は昼ご飯を食べずに参加し

ていたので，すぐにでも食べたかったけれどもそういうわけにはいかなかった。社長さんと工場長さんの挨拶の後，目の前に置かれた焼きプリンの製造工程のビデオによる説明が5分ほどあった。

ビデオが終わって，社長さんの「それではどうぞ，お食べください」という号令に従って，私はパッケージを開け，プラスチック製の小さなスプーンを持って焼きプリンを優雅に食べた。N先生が対面に座っていらしたのでガツガツ食べるわけにはいかなかった。クリーミーな味だ。「うまい」。シュークリームの中身の味に近い。高級プリンだ。賞味期限は2週間。ここ千葉から日本の東半分に出荷していると聞いた。メーカー希望価格130円もなっとくがいく。日頃，私が食べているプリンは2個で98円だ。表面の様子が違う。130円の焼きプリンには雲のようにカラメルがかかっている。表面を火であぶっている。これが簡単なようで実はむずかしいと社長さんは私に説明してくれた。一方，49円のプリンにはドロッとした色の濃いカラメルが載っている。

さて，プリンのカラメルについて，マ（mass）のジワジワ現象を考えよう。49円のプリン容器の深さ方向にz軸の正方向をとる（図5.1）。プリンの製造直後のカラメルとプリン本体との界面（初期界面と呼ぶ）を$z=0$とおく。時間が経つとこの面がわかりにくくなるので，プラスチック容器の外側に油性マジックを使って印をつけておこう。

黄色いプリン本体の上に載ったカラメルが濃度勾配に従って，プリン本体にジワジワと拡散していく。賞味期間2週間の間にプリンの容器の底までカラメルがだらだらと到達したりしたら，しまりのないプリンになってしまう。そうしたプ

第 5 章　解をグラフで味わう偏微分方程式

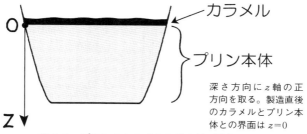

図 5.1　プリンのカラメルのジワジワ現象

深さ方向に z 軸の正方向を取る。製造直後のカラメルとプリン本体との界面は $z=0$

リンは売れないだろう。2 週間の間に，せいぜい初期界面（$z=0$）から 2 mm ほどにカラメルがくっきりとしみ込むぐらいがよい。

それではここで問題。4℃の冷蔵庫にプリンを貯蔵しておくとしよう。2 週間で 2 mm だけ，カラメルがプリン本体にしみ込むとき，プリン本体中でのカラメルの拡散係数はどれほどでしょう？　というよりも，そうなるようにカラメルの物性（ドロドロの加減）やプリンの構造（プリプリの具合）を設計する必要があったわけだ。

カラメルから見れば，容器の底ははるか先に感じてしまうだろう。つまり，容器から底までの距離は無限大とみなせる。実際の容器内のプリン本体の高さは 5 cm だが，それに対してカラメルがしみ込むのは 2 mm である。ちょうど身長 1 m 65 cm の私が 41 m 25 cm の深さのプールに飛び込んだようなものだ。泳ぎの不得意な私には無限に深い恐怖のプールだ。

プリン本体の上面全体にかかっているカラメルは，プリン本体へ均一にジワジワと拡散していく。この現象を表現する

199

式こそ第 2 章でつくった放物型偏微分方程式 (2.89) である。

$$\frac{\partial \theta(\tau, \xi)}{\partial \tau} = \frac{\partial^2 \theta(\tau, \xi)}{\partial \xi^2} \tag{5.1}$$

初期条件も境界条件も式 (2.90), (2.91) などを適用できる。

初期条件:　　　at　$\tau = 0$　　$\theta(0, \xi) = 0$ 　(5.2)
境界条件その 1: at　$\xi = 0$　　$\theta(\tau, 0) = 1$ 　(5.3)
境界条件その 2: at　$\xi = \infty$　$\theta(\tau, \infty) = 0$ 　(5.4)

　これらの初期条件・境界条件のもとでの偏微分方程式 (5.1) は，すでに第 4 章でラプラス変換法によって解いた。その解は，

$$\theta(\tau, \xi) = 1 - \mathrm{erf}\left(\frac{\xi}{\sqrt{4\tau}}\right) \tag{5.5}$$

というふうに誤差関数 erf の入った式となる (182 ページ)。無次元量 θ, ξ, τ をマの移動する場面に合わせて説明すると，

$$\begin{aligned}\theta &= \frac{C}{C_0} \\ &= \frac{(カラメル濃度)}{(表面のカラメル濃度)}\end{aligned} \tag{5.6}$$

$$\begin{aligned}\xi &= \frac{z}{L} \\ &= \frac{(プリン本体の深さ方向の距離)}{(プリン本体の高さ)}\end{aligned} \tag{5.7}$$

$$\tau = \frac{Dt}{L^2}$$

$$= \frac{(プリン本体内でのカラメルの拡散係数)(時間)}{(プリン本体の高さ)^2} \tag{5.8}$$

だから，erf のカッコの中にこれらを代入すれば，

$$\frac{\xi}{\sqrt{4\tau}} = \frac{\dfrac{z}{L}}{\sqrt{4\dfrac{Dt}{L^2}}}$$

$$= \frac{z}{\sqrt{4Dt}} \tag{5.9}$$

である。よって，濃度は，

$$\frac{C}{C_0} = 1 - \mathrm{erf}\left(\frac{z}{\sqrt{4Dt}}\right) \tag{5.10}$$

というふうに z と t を使って書けた。無限深さをもつ場へのジワジワ物質移動現象なので，プリン本体の高さ L がこの式に登場しないのは当然だ。

🐚 誤差関数をグラフにする

さて，以前から何度か登場している誤差関数 erf について説明しよう。"誤差"関数とは，もともと数学者・物理学者のガウス（Gauss）さんが実験誤差の統計学的な扱い方を考えていて発見した関数だからこういう名前だ。いまでは誤差に直接関係なくいろいろと使われている。$\mathrm{erf}\, x$ は，つぎの式で定義される。

$$\operatorname{erf} x = \frac{2}{\sqrt{\pi}} \int_0^x e^{-t^2} \, dt \tag{5.11}$$

この式をつぎの式で代用して計算できる．

$$\operatorname{erf} x = 1 - \frac{1}{(1 + c_1 x + c_2 x^2 + c_3 x^3 + c_4 x^4)^4} \tag{5.12}$$

ここで，4つの定数 $c_1 \sim c_4$ の値は，

$c_1 = 0.278393$
$c_2 = 0.230389$
$c_3 = 0.000972$
$c_4 = 0.078108$

である．この近似式を使って，つぎの式

$1 - \operatorname{erf} x$

をグラフにプロットしてみた結果が図 5.2 だ．なお，このように1から $\operatorname{erf} x$ を引いた形の式はよく使われるので，

$$1 - \operatorname{erf} x = \operatorname{erfc} x \tag{5.13}$$

とおいて，これを**余誤差関数**（complementary error function）と呼んでいる．この $\operatorname{erfc} x$ のグラフの形は，"減っていく"指数関数

$$e^{-x} \tag{5.14}$$

によく似ている（ここでは x は正とする）．どちらも減っていって $x \to \infty$ でゼロになる関数だ．

第 5 章　解をグラフで味わう偏微分方程式

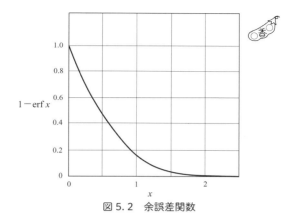

図 5.2　余誤差関数

　物理量が時間とともに減る現象がいろいろとある。お腹が減る。お小遣いが減る。世の中にはいろいろ減ることがある。減り具合の目安として，はじめの量の半分に減るまでの時間を半減期（half-life period）と呼び，記号として $T_{1/2}$ を使う。そこで，式 (5.13) と式 (5.14) の距離 x を時間 t に置き換えて，余誤差関数と指数関数の半減期を計算すると，それぞれ，

$$\text{余誤差関数の半減期 [s]} = 0.48 \tag{5.15}$$
$$\text{減っていく指数関数の半減期 [s]} = 0.69 \tag{5.16}$$

となる。余誤差関数の方が，減っていく指数関数より，減り方が急であることがわかる。

さて,拡散係数はいくつ?

では図 5.2 を利用して「カラメルが 2 週間で 2 mm ほどプリン本体にしみ込んだ.さて,拡散係数はいくつ?」問題を解くことにしよう.境界がくっきりしているのは,

$$\text{境界でのカラメルの濃度} \frac{C}{C_0} = 0.9 \tag{5.17}$$

であるからだと考える.これより深いところにもカラメルがしみ込んでいても境界としてはわかりづらいとしよう.図 5.2 の縦軸 $\frac{C}{C_0}$ が 0.9 となる横軸を読むと 0.1 である.つまり,その場所では,

$$\frac{z}{\sqrt{4Dt}} = 0.1 \tag{5.18}$$

が成り立っている.すなわち拡散係数 D は,

$$\sqrt{4Dt} = \frac{z}{0.1} \tag{5.19}$$

であることがわかる.ここに,

$$z = 2\,\text{mm} = 2 \times 10^{-3}\,\text{m} \tag{5.20}$$
$$t = 2\,\text{週間} = 2 \times 7 \times 24 \times 3600\,\text{秒} \tag{5.21}$$

を代入すると,プリン本体内でのカラメルの拡散係数 D は,4℃ で,

$$D = \frac{\left(\dfrac{z}{0.1}\right)^2}{4t}$$

$$= \frac{\left(\dfrac{2\times10^{-3}}{0.1}\right)^2}{4\times2\times7\times24\times3600}$$

$$= 8.3\times10^{-11} \text{ m}^2/\text{s} \tag{5.22}$$

と求められた。

水中での分子の拡散係数は 10^{-9} m²/s のあたりなので話は合っていそうだ。水とプリンとではプリプリ度が違う。プリンにはカラメルはしみにくい。そのために拡散係数は小さくなる。

プリン本体にカラメルが載っているという"食品"問題だけれども、ちょっと場面を変えてみる。"カラメル"を"コンクリートで固めた放射性廃棄物"に、"プリン本体"を"地層"に読み替えると、放射性廃棄物が地下水の深さまで移行しないうちに放射性物質の放射能が減衰するために十分小さな拡散係数 D を与える地層を選択するという"環境"問題になる（図 5.3）。花崗岩、玄武岩など地層をつくる岩石が拡散の場

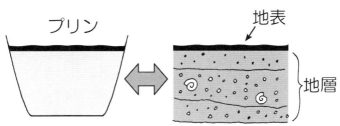

図 5.3　プリン本体を地層に読み替える

となる。

5-2 キュウリとスイカの冷やし

 もろキュウまだ？　急いでよ

私は味噌(みそ)が好きである。味噌汁，味噌ラーメン，味噌おでんなどなど。キュウリにも味噌をつけて食べる。炊きたてのごはんをおにぎりにしてそこへ味噌を塗りつけ，「熱い，熱い」と手の中で転がしながら食べるのは最高だ。

"もろキュウ"は居酒屋のホームラン王である。夏真っ盛り，会合が終わって，生ビールを一杯飲みたくて居酒屋に入る。「いらっしゃいませ」と席に通されて，私の場合，はじめに注文するのが"もろキュウ"である。キュウリにもろみ味噌がついているので"もろキュウ"なのだ。もちろんキュウリは冷えている方がいい（図5.4）。八代亜紀さんによると，お酒はぬるめの燗(かん)がいい。

図5.4　もろキュウのキュウリ，何時間で冷える？

それではここで問題。キュウリ（夏だから室温34℃としよう）を冷蔵庫（4℃）に入れてから何時間で冷えるのか？ 居酒屋さんのアルバイト学生はここはきちんと勉強してほしい。十分に冷えたキュウリを提供しないと，お客さんからクレームだ。酔った客の扱いはやっかいだ。

キュウリは棒状。冷蔵庫に入れたときに，キュウリの両端からも熱が奪われるけれども，長いキュウリなら，r方向の熱移動量に比べてz軸方向の熱移動量は少ないから無視できる。キュウリ内部のr方向についてだけ温度分布を考えればよいので都合もよい。キュウリ内部の温度分布の時間変化を表現できる偏微分方程式は，第2章でつくった円柱座標版の放物型偏微分方程式である（103ページ）。

$$\frac{\partial T}{\partial t} = \alpha \left(\frac{\partial^2 T}{\partial r^2} + \frac{1}{r}\frac{\partial T}{\partial r} \right) \tag{5.23}$$

初期条件： at $t = 0$ $T = T_0$ (5.24)

境界条件その1：at $r = R$ $T = T_1$ (5.25)

境界条件その2：at $r = 0$ $\dfrac{\partial T}{\partial r} = 0$ (5.26)

境界条件その2は，キュウリの芯で，ジワジワ熱流束がゼロであること，すなわち"芯に熱が集まってきたり，逆にそこから熱が散らばっていったりすることはない"ということを意味している。現実もそのとおりだ。

残念ながら，式（5.23）のように，$\dfrac{1}{r}\dfrac{\partial T}{\partial r}$のような$T$の偏微分に変数が掛かった項が偏微分方程式に含まれていると，第4章で活躍したラプラス変換法ではすぐには解けない。

しかし幸いなことに，この偏微分方程式の解析解が「伝熱」

の名著に載っているのでそれを利用しよう。伝熱の名著は "*Conduction of Heat in Solids*" という本。Carslaw さんと Jaeger さんが 1959 年に出版した。"Solids（固体）中の伝熱" という題名からわかるようにジワジワ熱移動現象が中心だ。さまざまな形状をもった固体中，そしてさまざまな境界条件，初期条件下での伝熱現象の解析解を網羅している。

また，マヘモのアナロジーを確立した "*Transport Phenomena*" という本が 1960 年に出版されている。著者は，Bird, Stewart, Lightfoot というアメリカ Wisconsin 大学の 3 人の先生。

私は，若かりし頃，化学工学のバイブルとして毎日その本を持ち歩いた。あれから長い間，本棚の奥に眠っていたその本を久々に取り出してきて，その 357 ページから選んできたのが図 5.5 だ。横軸に円柱の半径方向の距離，縦軸に円柱内部の温度をとっている。ただし，横軸も縦軸も無次元化されている。ここで，外部すなわち表面温度は T_1 で一定，円柱の内部温度は初期には均一で T_0 である。

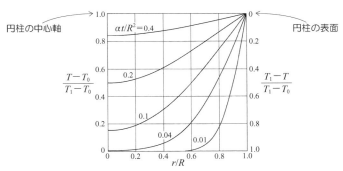

図 5.5　円柱座標における放物型偏微分方程式の解

$$\text{横軸} = \frac{r}{R} = \frac{(\text{半径方向の距離})}{(\text{円柱の半径})} \tag{5.27}$$

$$\text{縦軸の左} = \frac{T - T_0}{T_1 - T_0}$$

$$= \frac{(\text{内部のある位置での温度}) - (\text{初期の内部温度})}{(\text{表面温度}) - (\text{初期の内部温度})} \tag{5.28}$$

$$\text{縦軸の右} = \frac{T_1 - T}{T_1 - T_0}$$

$$= \frac{(\text{表面温度}) - (\text{内部のある位置での温度})}{(\text{表面温度}) - (\text{初期の内部温度})} \tag{5.29}$$

これらのうち式（5.28）をさらに変形すると，縦軸の左と右で，

$$\text{縦軸の左} = \frac{T - T_0}{T_1 - T_0}$$

$$= \frac{T - T_0 + T_1 - T_1}{T_1 - T_0}$$

分子の並び順を変えて，

$$= \frac{T_1 - T_0 - (T_1 - T)}{T_1 - T_0}$$

$$= 1 - \frac{T_1 - T}{T_1 - T_0}$$

$$= 1 - (\text{縦軸の右}) \tag{5.30}$$

という関係があることがわかる。

キュウリ内部の温度分布はrと時間tで決まる。横軸の$\frac{r}{R}$という無次元半径だけでは時間のことを表すことができないので、図中に$\frac{\alpha t}{R^2}$という無次元時間の数字が入っているわけだ。これで時間とともに熱が円柱の表面から内部へ、あるいは内部から表面へ伝わっていく様子がわかる。"キュウリ冷やし"ならキュウリ内部からキュウリの表面へ、さらに冷蔵庫中の大気へ熱が伝わっていく。

キュウリ冷やしの解析に戻ろう。場（ここではキュウリ内部）の物性定数の1つである熱拡散係数α（82ページ）の値が必要である。

$$\alpha = \frac{k}{\rho C_\mathrm{p}} \tag{5.31}$$

熱伝導度k、密度ρ、比熱C_p、いずれもキュウリの組成や構造に依存する物性定数である。それではということで、物性を調べてみた。丸善の『化学便覧（基礎編）』と『化学工学便覧』という分厚い本をひっくり返すと載っている（表5.1）。水や空気の物性はよく調べられていた。キュウリの物性は見つからなかった。そこで、キュウリを水で代用することにした。

表5.1　水の物性定数（30°C）

熱伝導度 k	密度 ρ	比熱 C_p
0.62 J/(m s °C)	996 kg/m^3	4180 J/(kg °C)

第 5 章　解をグラフで味わう偏微分方程式

$$
\text{キュウリの熱拡散係数 } \alpha \text{ の近似値} = \text{水の熱拡散係数}
$$
$$
= 1.5 \times 10^{-7}\ \mathrm{m^2/s}
$$
(5.32)

ここで，ジワジワ熱移動現象は 34℃ と 4℃ の範囲で起きる。この温度範囲では熱拡散係数が一定であるという仮定のもとで計算する。

　キュウリの熱拡散係数 α の近似値が求まったので，いよいよ，キュウリを冷蔵庫に入れて冷えるまでの時間を計算しよう。冷蔵庫に入れた瞬間（$t=0$）には，冷蔵庫の温度であるキュウリの表面温度（$T_1=4$℃で一定）とキュウリの内部の初期温度（$T_0=34$℃）との温度差は 30℃ だった。この温度差がその 10% にあたる温度差 3℃ までに縮まるまでの時間，すなわちキュウリの芯（中心軸）上での温度が 7℃ になるまでの時間をもって，「キュウリが冷えるまでの時間」と判断することにする。キュウリの半径は 1 cm がいいところだろう。図 5.5 の縦軸を計算すると，

$$
\text{縦軸の左} = \frac{7-34}{4-34} = 0.9 \tag{5.33}
$$

$$
\text{縦軸の右} = \frac{4-7}{4-34} = 0.1 \tag{5.34}
$$

となる。（縦軸の左）＝1−（縦軸の右）だから，左右どちらの縦軸を読んでも同じである。縦軸の左，中心のところ（$\frac{r}{R}=0$）が 0.9 に達する無次元時間 $\frac{\alpha t}{R^2}$ を図上で読むと，だいたい 0.5 でよさそうだ。

$$\frac{\alpha t}{R^2} = 0.5 \tag{5.35}$$

これにキュウリ（実は水，"実<ruby>は水<rt>じつ</rt></ruby>"と読んでも"実<ruby>は水<rt>み</rt></ruby>"と読んでもよい）の α と R の値を代入するとキュウリを冷やす時間が出る。こうして問題の答えが出る。

$$\begin{aligned}
\text{キュウリ冷やしに要する時間 } t &= \frac{0.5}{\alpha} \times R^2 \\
&= \frac{0.5}{1.5 \times 10^{-7}} \times (1 \times 10^{-2})^2 \\
&= 330 \text{ 秒} \\
&= 5.5 \text{ 分} \fallingdotseq \text{約 6 分} \tag{5.36}
\end{aligned}$$

R は 2 乗で効いてくるので，半径が倍の 2 cm という特大キュウリになれば，冷やす時間は 4 倍かかる。お客さんに「もろキュウまだ？　急いでよ」と言われたら，キュウリを四つ切りして半径 1 cm を半分の 0.5 cm に割れば冷やす時間は 4 分の 1 で済む。

🐚 酔って絡んでくるお客の頭を冷やす

スイカはビュッフェ会場のホームラン王である。皮の緑と黒の縞模様，中身の赤に種の黒という色合いがよく，バナナといった単色フルーツを圧倒している。そんなわけで食べ放題ビュッフェ会場のフルーツコーナーにスイカがスライスされて置いてある（図 5.6）。でも私はバナナの方が好きだ。スイカを冷蔵庫に入れて冷やすときのスイカ内部の温度分布の

第 5 章　解をグラフで味わう偏微分方程式

時間変化を表現できる偏微分方程式は，第 2 章でつくった球座標版の放物型偏微分方程式である（108 ページ）。

$$\frac{\partial T}{\partial t} = \alpha \left(\frac{\partial^2 T}{\partial r^2} + \frac{2}{r}\frac{\partial T}{\partial t} \right) \qquad (5.37)$$

初期条件：　　　　at　$t = 0$　　　$T = T_0$　　(5.38)

境界条件その 1：at　$r = R$　　　$T = T_1$　　(5.39)

境界条件その 2：at　$r = 0$　　　$\dfrac{\partial T}{\partial r} = 0$　　(5.40)

境界条件その 2 は，キュウリのときと同様に，スイカの中心に熱が集まってきたり，逆にそこから熱が散らばっていったりすることはないということを意味している。この場合の解析解のグラフもやはり "*Transport Phenomena*" の 358 ページに載っている（図 5.7）。

さて，スイカという熱の移動する場の物性定数 α が必要だ。スイカは watermelon という英語名だから，中身は全部水とみなしてもかまわないのだろう。"かわ"いそうだが皮のことは無視した。だからこそ冷えたス

図 5.6　ビュッフェ会場でスイカは人気

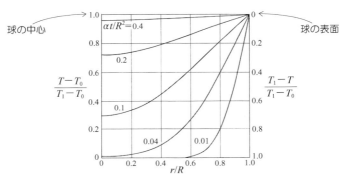

図 5.7 球座標における放物型偏微分方程式の解

イカをばくばくと食べると,お腹の中でスイカ由来の水へ体の熱が奪われてお腹が冷え下痢へとつながるのである。

$$\text{スイカの熱拡散係数}\,\alpha\,\text{の近似値} = \text{水の熱拡散係数}$$
$$= 1.5\times 10^{-7}\,\text{m}^2/\text{s} \quad (5.41)$$

スイカの半径 R を 20 cm としよう。大きめのサイズだ。冷蔵庫に入れた瞬間 ($t=0$) には,冷蔵庫の温度である表面温度 ($T_1=4℃$ で一定) とスイカの内部の初期温度 ($T_0=34℃$) との温度差は 30℃ だった。この温度差がその 10% にあたる温度差 3℃ までに縮まるまでの時間,すなわちスイカの中心での温度が 7℃ になるまでの時間をもって,「スイカが冷えるまでの時間」と判断することにする。図 5.7 の縦軸を計算すると,

$$\text{縦軸の左} = \frac{7-34}{4-34} = 0.9 \quad (5.42)$$

$$\text{縦軸の右} = \frac{4-7}{4-34} = 0.1 \tag{5.43}$$

となる．左右どちらの縦軸を読んでも同じである．縦軸の左，中心のところ（$\frac{r}{R}=0$）が 0.9 に達する無次元時間 $\frac{\alpha t}{R^2}$ を読む．だいたい，

$$\frac{\alpha t}{R^2} = 0.3 \tag{5.44}$$

でよさそうだ．これにスイカ（実は水）の α と R の値を代入するとスイカを冷やす時間が出る．こうして，問題の答えが出る．

$$\begin{aligned}
\text{スイカ冷やしに要する時間 } t &= \frac{0.3}{\alpha} \times R^2 \\
&= \frac{0.3}{1.5 \times 10^{-7}} \times (20 \times 10^{-2})^2 \\
&= 8 \times 10^4 \text{ 秒} \\
&= 22 \text{ 時間} \fallingdotseq \text{約 20 時間} \tag{5.45}
\end{aligned}$$

スイカの半径が 20 cm から小玉スイカになって半分の 10 cm になると，冷やす時間が 4 分の 1 の 5 時間で済む．冷えたスイカを早く食べたいならスイカを切ってから冷蔵庫に入れればよいわけだ．

居酒屋さんにはいつの頃からか"冷やしトマト"なる品があって，冷蔵庫から冷えたトマトが皿に載ってやってくる．トマトはスイカに比べると，球というには厳しいけれどもそこは簡便のため勘弁してほしい．トマトの半径 2.5 cm になると，冷やし時間は小玉スイカのそれに比べて，さらに 16 分

の1の約0.3時間（≒20分）になる。

熱拡散係数の大きな銀（$\alpha = 1.7 \times 10^{-4}$ m^2/s）でできた半径10 cmの球なら，

$$\text{銀球冷やしに要する時間 } t = \frac{0.3}{\alpha} \times R^2$$

$$= \frac{0.3}{1.7 \times 10^{-4}} \times (10 \times 10^{-2})^2$$

$$= 18 \text{ 秒} \fallingdotseq \text{約 } 20 \text{ 秒} \quad (5.46)$$

なんと20秒で冷えてしまう。居酒屋さんで"冷やし銀球"として，酔って絡んでくるお客の頭を冷やすのに使うとよいと思う。重くて持てないか。

5-3 中華鍋の把手でのジワジワ

把手の定常状態

これまでは非定常の問題を解いた。こんどは定常の問題。定常状態の場合は，時間についての偏微分がなくなって，物理量は位置だけで決まる。

$$\frac{\partial^2 \theta(\xi)}{\partial \xi^2} - K\theta(\xi) = 0 \quad (5.47)$$

境界条件その1：at $\xi = 0$ $\quad \theta(0) = 1 \quad (5.48)$

境界条件その2：at $\xi = 1$ $\quad \dfrac{\partial \theta(1)}{\partial \xi} = 0 \quad (5.49)$

そして，193ページで見たように，偏微分方程式の一種と

みなせる常微分方程式（5.47）をこれらの境界条件のもとで解けば，

$$\theta(\xi) = \frac{\cosh\{\sqrt{K}(1-\xi)\}}{\cosh\sqrt{K}} \tag{5.50}$$

という解になるのだった。

　ここで，無次元量を中華鍋の把手（119ページ）についてのヘ（heat）の場面に合わせて説明すると，

$$\theta(\xi) = \frac{T(z) - T_a}{T_1 - T_a} \tag{5.51}$$

$$= \frac{（把手のある位置での温度）-（外気の温度）}{（取り付け部の温度）-（外気の温度）}$$

である。把手の温度 T が z の関数であることを明示するために，$T(z)$ と表すことにした。無次元の長さ ξ は，

$$\xi = \frac{z}{L} \tag{5.52}$$

$$= \frac{（把手の z 方向の距離）}{（把手の長さ）}$$

である。定数 K は，190ページで定めたとおりだ。

$$K = \frac{2hL^2}{kR} \tag{5.53}$$

$$= \frac{2（熱伝達係数）（把手の長さ）^2}{（熱伝導度）（把手の半径）}$$

これを踏まえて，常微分方程式の解（5.50）を温度に書き

換えておくと，

$$T(z) - T_a = (T_1 - T_a) \frac{\cosh\{\sqrt{K}(1-\xi)\}}{\cosh\sqrt{K}} \quad (5.54)$$

把手 R の半径は 2 cm，長さ L は 20 cm ぐらいだ。そして，熱伝達係数 h は外気の流動状態，例えば風が吹いている，ファンが回っているなどによって決まる数値である。突然ながら，例えば，つぎの値としよう。

$$h = 10 \text{ J}/(\text{m}^2\text{ s }℃) \quad (5.55)$$

鉄製と木製の把手では物性値が異なる。鉄と木の熱伝導度 k は伝熱工学の教科書から調べた。

鉄製なら　$k = 49 \text{ J}/(\text{m s }℃)$ 　　　(5.56)

木製なら　$k = 0.11 \text{ J}/(\text{m s }℃)$ 　　(5.57)

これらの値を使うと，K の値がそれぞれ

鉄製なら　$K = \dfrac{2 \times 10 \times (0.2)^2}{49 \times 0.02} = 0.82$ 　(5.58)

木製なら　$K = \dfrac{2 \times 10 \times (0.2)^2}{0.11 \times 0.02} = 360$ 　(5.59)

と求められる。K の単位を調べておくと，

$$\begin{aligned}K &= [\text{J}/(\text{m}^2\text{ s }℃)]\,[\text{m}^2]\,[(\text{m s }℃)/\text{J}]\,[1/\text{m}] \\ &= [-] \end{aligned} \quad (5.60)$$

と，無次元である。K が無次元量であることは式（5.47）の K の周辺の様子からわかっていた。

第 5 章 解をグラフで味わう偏微分方程式

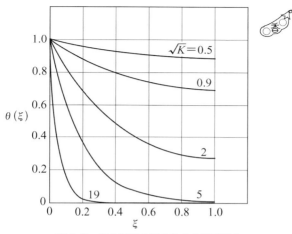

図 5.8 鍋の把手の長さ方向の温度分布

式 (5.58), (5.59) で算出した K の値を使って，常微分方程式 (5.47) の解

$$\theta(\xi) = \frac{\cosh\{\sqrt{K}(1-\xi)\}}{\cosh\sqrt{K}} \qquad (5.50) \text{ の再掲}$$

を計算し，図 5.8 に示した。高温の中華鍋から熱が伝わって把手が握れないのでは料理ができない。この場合には，把手の長さ方向に温度がぐっと下がってくれる方がよい。やはり握りやすいのは木製だ。ただし，料理の最中に焦げ付いたり，燃えだしたりしないように，中華鍋との取り付け部からいくらかの距離は鉄製 ($\sqrt{K}=0.9$) にしておいて，そこから木製 ($\sqrt{K}=19$) のものにつないだ把手がよい。

偏微分 vs. 重積分

　空間に分布した物理量を解析するのに微小空間に区切って分ける"微分"という考え方を採用してきた。そこから物理量の平均値を求めるには，こんどは，その微小空間を集める必要がある。空間をはじめに区切って分けておいて，再度集めるのはばかばかしい気がするけれども，そうしないと何もわからない。

　そのときに役立つのが"積分"という考え方である。3次元空間に物理量が散らばっているときには微分を"偏"微分と呼んだのに対して，3次元空間で物理量を集めるときには積分を"重"積分と呼ぶ。例えば，空間に分布している濃度 C [kg/m³] の平均値を求める。濃度

$$C(x, y, z) \quad [\text{kg/m}^3] \tag{5.61}$$

に対して微小空間の体積を掛けると，濃度×体積は質量だから，

$$C(x, y, z) \Delta x \Delta y \Delta z \quad [\text{kg}] \tag{5.62}$$

はその微小体積に含まれている質量の総量になる。$\Delta x \Delta y \Delta z$ を小さくしていくと記号が Δ（デルタ）から ∂（ラウンド）へ変わる。

$$C(x, y, z) \partial x \partial y \partial z \quad [\text{kg}] \tag{5.63}$$

　ここで，式 (5.63) に，x, y, z のそれぞれの方向にかき集めて足す積分マーク $\int$ をつけるのである。積分マークというのはもともとアルファベットの s の字の上下を引っ張り伸ば

第5章 解をグラフで味わう偏微分方程式

してつくったのだ。そしてその s の意味は「Sum up! 集めなさい」ということなのだ。だから、3方向とも集めるために3つの積分マークをつけ、そのマークの足元にそれぞれの方向で集める範囲を書く。ここでは、大文字 X, Y, Z を使って積分範囲を示した。

$$\int_Z \int_Y \int_X C(x,y,z)\, \partial x \partial y \partial z \quad [\mathrm{kg}] \tag{5.64}$$

このように、空間の3方向で集めて体積中の物理量の総量を出すので、この重積分を特に**体積積分**(volume integral)と呼んでいる。

フォークとナイフを両方から1つずつ使ってフランス料理を食べていくように、左端から積分マークの足元に Z, Y, X, 右端から $\partial z, \partial y, \partial x$ と対応して並んでいる(図5.9)。

図5.9 重積分のマナー

左端から積分マークの足元に Z, Y, X と並べ、右端から $\partial z, \partial y, \partial x$ と対応して並んでいる

$$\int_Y \int_X C(x,y,z)\,\partial x \partial y \partial z$$

$$\int_Z \int_Y \int_X C(x,y,z)\,\partial x \partial y$$

というようなバランスのわるい重積分は存在しない。上の式は左に2つ，右に3つ，下の式は左に3つ，右に2つということで左右の数が合わないので計算できない。次の式は，左に2つ，右に2つと合っているので正しい積分である。

$$\int_Z \int_Y C(y,z)\,\partial y \partial z \tag{5.65}$$

これを**面積積分**（surface integral）と呼ぶ。また，つぎのように，左に1つ，右に1つと合っているのも正しい積分である。

$$\int_Z C(z)\,\partial z \tag{5.66}$$

これは**線積分**（line integral）と呼ばれる。

さて，式（5.64）では総量が求まっていても平均濃度になっていない。そこで，空間での平均濃度を求めるには，これを空間の体積で割ることが必要だ。空間の体積を求めるには，微小空間の体積 $\Delta x \Delta y \Delta z$ を x, y, z のおよぶ範囲で集めればよい。それぞれの方向に積分マークをつけて，

$$\int_Z \int_Y \int_X \partial x \partial y \partial z \quad [\mathrm{m}^3] \tag{5.67}$$

となる。例えば，直角座標で微小体積を重積分すると（図5.10 上），

第 5 章 解をグラフで味わう偏微分方程式

$$\int_Z \int_Y \int_X \partial x \partial y \partial z = \int_0^c \int_0^b \int_0^a \partial x \partial y \partial z$$
$$= [z]_0^c [y]_0^b [x]_0^a$$
$$= cba = abc \tag{5.68}$$

となる。一方,円柱座標では,方向は x, y, z ではなく r, θ, z になる。したがって,微小体積を重積分すると(図 5.10 下),

$$\int_Z \int_\Theta \int_R \partial r (r \partial \theta) \partial z = \int_0^h \int_0^{2\pi} \int_0^R \partial r (r \partial \theta) \partial z$$
$$= \int_0^h \int_0^{2\pi} \int_0^R r \partial r \partial \theta \partial z$$
$$= [z]_0^h [\theta]_0^{2\pi} \left[\frac{r^2}{2}\right]_0^R$$
$$= h(2\pi)\left(\frac{R^2}{2}\right) = h\pi R^2 = \pi R^2 h$$
$$\tag{5.69}$$

ここで,R と h はそれぞれ円柱の半径と高さを表す。

話を戻そう。空間内での平均濃度は,空間内での物理量の総量を空間の体積で割ればいいのだから,

$$\frac{\int_Z \int_Y \int_X C(x,y,z) \partial x \partial y \partial z}{\int_Z \int_Y \int_X \partial x \partial y \partial z} \quad [\text{kg/m}^3] \tag{5.70}$$

となることがわかる。

式(5.70)はマヘモのマの平均値である。同様に,ヘの温度,モの速度の空間内での平均値を求める式は次のようになる。

223

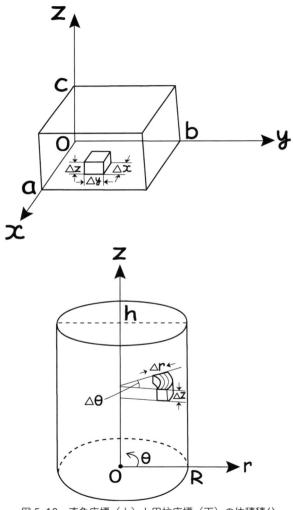

図 5.10 直角座標(上)と円柱座標(下)の体積積分

$$\frac{\int_Z \int_Y \int_X T(x,y,z)\,\partial x \partial y \partial z}{\int_Z \int_Y \int_X \partial x \partial y \partial z} \quad [℃] \tag{5.71}$$

$$\frac{\int_Z \int_Y \int_X v_x(x,y,z)\,\partial x \partial y \partial z}{\int_Z \int_Y \int_X \partial x \partial y \partial z} \quad [\mathrm{m/s}] \tag{5.72}$$

さて,具体的な平均値の利用法を紹介する。チャーハンをつくるための中華鍋の握りやすい把手の材料として木を選んだのはそれでよい。一方,世の中には熱を逃がすために熱を発生する本体からわざわざ把手をつけている場合もある。このときには把手とは呼ばずに,フィン(fin,ひれの意味)と呼んでいる。

例えば,空冷エンジンにはフィンがついている(図5.11)。ガソリンを燃焼させる装置であるエンジンはその熱を除去しながら使用しないと装置の材料が高温になってだめになってしまう。中華鍋の把手の場合とは違ってこの場合には,フィンの長さ方向に温度が下がらない方がよい。フィンの長さ全体にわたって外気との温度差が大きい方が外気へ熱が逃げるので,熱を除去するには効率がよい。

何はともあれ,フィンの温度と外気の温度との差をフィン全体で平均しよう。円柱座標をとると,r および θ 方向にはフィンの温度は均一なので,温度 T は z のみの関数 $T(z)$ となる。フィンと外気との温度差の平均値を求める式は,

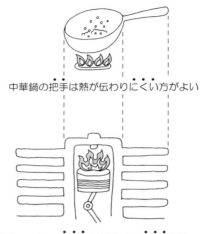

図 5.11 中華鍋の把手とエンジンのフィンのアナロジー

$$\frac{\int_Z \int_\Theta \int_R \{T(z) - T_\mathrm{a}\} \partial r (r \partial \theta) \partial z}{\int_Z \int_\Theta \int_R \partial r (r \partial \theta) \partial z} \quad [\text{℃}] \quad (5.73)$$

となる。分子,分母の $\int_\Theta \int_R \partial r(r \partial \theta)$ の部分は把手の棒の断面積に相当するので πR^2 である。すると,分子と分母はそれぞれ,

$$\begin{aligned}
\text{分子} &= \int_Z \int_\Theta \int_R \{T(z) - T_\mathrm{a}\} \partial r (r \partial \theta) \partial z \\
&= \pi R^2 \int_Z \{T(z) - T_\mathrm{a}\} \partial z \qquad (5.74)
\end{aligned}$$

第 5 章 解をグラフで味わう偏微分方程式

$$\text{分母} = \pi R^2 \int_z \partial z \qquad (5.75)$$

となる。積分マークの足元の Z, すなわち積分範囲は 0 から長さ L までだ。

$$\begin{aligned}
\text{フィンと外気との温度差の平均値} &= \frac{\pi R^2 \int_0^L \{T(z) - T_a\} \partial z}{\pi R^2 \int_0^L \partial z} \\
&= \frac{\int_0^L \{T(z) - T_a\} \partial z}{\int_0^L \partial z} \\
&= \frac{1}{L}\int_0^L \{T(z) - T_a\} \partial z
\end{aligned}$$
$$(5.76)$$

そこで, 熱を除去するフィンの効率を,

$$\text{フィンの効率} = \frac{\frac{1}{L}\int_0^L \{T(z) - T_a\} \partial z}{T_1 - T_a} \qquad (5.77)$$

とおく。フィンの全長にわたって温度差が最大になっている, すなわち効率が最大であるときを分母としている。式 (5.51),(5.52) を代入して,

$$= \int_0^L \theta(\xi) \, \partial\left(\frac{z}{L}\right)$$
$$= \int_0^1 \theta(\xi) \, \partial\xi$$

ここに，式（5.50）を代入する。

$$
\begin{aligned}
&= \int_0^1 \frac{\cosh\{\sqrt{K}(1-\xi)\}}{\cosh\sqrt{K}} \partial\xi \\
&= \frac{1}{\cosh\sqrt{K}} \int_0^1 \cosh\{\sqrt{K}(1-\xi)\} \partial\xi \\
&= \frac{1}{\cosh\sqrt{K}} \left[-\frac{1}{\sqrt{K}} \sinh\{\sqrt{K}(1-\xi)\} \right]_0^1 \\
&= \frac{1}{\cosh\sqrt{K}} \left(-\frac{1}{\sqrt{K}}\right)(\sinh 0 - \sinh\sqrt{K}) \\
&= \frac{1}{\cosh\sqrt{K}} \frac{1}{\sqrt{K}} \sinh\sqrt{K} \\
&= \frac{\tanh\sqrt{K}}{\sqrt{K}} \quad (5.78)
\end{aligned}
$$

横軸に $\sqrt{K}$，縦軸にフィンの効率をとって図 5.12 に示す。

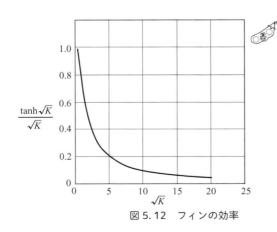

図 5.12 フィンの効率

木製のフィンは $\sqrt{K}=19$，鉄製のフィンは $\sqrt{K}=0.9$ なので，効率（縦軸）を見ると鉄製の方が圧倒的に優れていることがわかる

第 5 章　解をグラフで味わう偏微分方程式

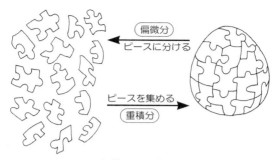

図 5.13　偏微分と重積分のイメージ

　熱を除去するためのフィンの効率から見ると，木製（$\sqrt{K}=19$）より鉄製（$\sqrt{K}=0.9$）のフィンの方が圧倒的に優れている。もともと木製のフィンは高温になれば燃えてしまう。材料は目的しだいで選びようが変わるのだ。把手には木を，フィンには鉄を。物は使いようだ。

　長さを区切って差をとるのが"微分（differentiation）"，区切った長さを集めて和をとるのが"積分（integration）"である。偏微分に対応するのが重積分である。3 次元空間，例えば直角座標で，それぞれの方向に偏ってそれぞれの微小区間をとって収支式をたてると偏微分方程式になる。
　したがって，**偏微分は 3 次元空間内の物理量の分布を求めるのに使う。一方，3 次元空間，例えば直角座標で，それぞれの方向にある微小区間の物理量を集めてすべての方向で足すと重積分となる。したがって，重積分は 3 次元空間内の物理量の総量や平均値を求めるのに使う**（図 5.13）。

第5章のまとめ

　プリン，もろキュウ，スイカ，トマト，チャーハンと食べ物の話ばかりになってしまった。偏微分方程式を身近に感じてもらうには都合がよい。

　第1章から第3章まで偏微分方程式のつくり方を勉強した。第4章でその偏微分方程式のほんの一部だけをラプラス変換法によって解いた。第5章では偏微分方程式の解のグラフを利用してさまざまな問題を解いた。

　私たちは，品物の値段の数値はたいへん気にするのに，マヘモ現象の数値には関心がうすい。例えば，スイカ冷やしなら，「もうそろそろかな」とか「もう少し待ちましょう」とか曖昧なことを言う。これまでは物理量が時間とともに変化する非定常現象を定量化する方法がわからなかったからだと思う。しかし，この本をここまで読んだのだから，少なくとも水っぽい野菜や果物を冷やすのに必要な時間をすぐに計算できるようになったと思う。

　そうだ。**これからの人生をもう少し定量的に生きていこう**。プリンのカラメルのしみ込み具合やキュウリやスイカの冷え具合を予測できる。中華鍋の把手の温度を心配せずにチャーハンをつくることができる。洗濯機の中を覗くと，シャツ，パンツ，靴下，ワイシャツが槽内を乱雑に回っている。槽内には洗剤として，マ（mass）が分布している。お風呂の残り湯を使っているのでヘ（heat）

第 5 章　解をグラフで味わう偏微分方程式

が分布している。モーターが回り，モ（momentum）が分布してそれによって衣類がかくはんされている。「洗い」，「すすぎ」，そして「脱水」と洗濯機はプログラムされ自動的に動いている。槽内でマヘモが空間に分布し時間とともに変わっていく。

初期条件も境界条件も複雑だ。**洗濯しながらマヘモの連立偏微分方程式を意識できるようになったら一人前だと思う**（図 5.14）。解く必

図 5.14　洗濯しながらマヘモの連立偏微分方程式を意識できる？

要はない。解かなくても洗濯は終わり，衣類はきれいになる。それでも，洗濯の仕組みを知っていてわるいことはない。マヘモの動きを感じてわるいことはない。

「数学科の先生が書いた数学の本はわかりやすいはずだ。わからないのは自分の頭がわるいせいだ」と学生の頃は思っていた。でもそれは間違いだ。本が私に合っていなかったのだ。みなさんもそう思った方がよい。

数学の先生と私とでは考え方のベクトルがそもそも違う。具体的な例やイメージをもたない数学に私は興味がない。数学の先生は抽象的，私は具体的だ。数学の先生

は数学生活を過ごし，私はせいぜいコンビニで買ったジュース（カゴメ株式会社製）を飲んで"野菜生活"を過ごしている。

べんりな付録

付録1 本書で使用したギリシャ文字の一覧

記号	読み	用法	単位
α	アルファ	熱拡散係数	[m²/s]
θ	シータ	(1) 無次元濃度,温度,速度	[—]
		(2) 角度(円柱座標または球座標の座標変数の1つ)	[—]
μ	ミュー	粘度	[kg/(m s)]
ν	ニュー	動粘度(運動量拡散係数)	[m²/s]
ξ	グザイ	無次元距離	[—]
π	パイ	円周率(3.14159…)	[—]
ρ	ロー	密度	[kg/m³]
σ	シグマ	(1) 弦の単位長さあたりの質量	[kg/m]
		(2) ラプラス変換後の変数の1つ	[—]
τ	タウ	(1) 運動量のジワジワ流束	[(kg m/s)/(m² s)]
		(2) 無次元時間	[—]
ϕ	ファイ	角度(球座標の座標変数の1つ)	[—]

233

付録2 微分と積分の公式

偏微分の定義式（微分コンシャス）

$$\frac{\partial f(x,t)}{\partial x} = \lim_{\Delta x \to 0} \frac{f(x,t)|_{x=x+\Delta x} - f(x,t)|_{x=x}}{\Delta x}$$

微分の公式

$f(x)$	$f'(x)$	$f(x)$	$f'(x)$
1	0	x^a	ax^{a-1}
$\exp x$	$\exp x$	$\ln x$（自然対数）	$\dfrac{1}{x}$
$\sin x$	$\cos x$	$\sinh x$	$\cosh x$
$\cos x$	$-\sin x$	$\cosh x$	$\sinh x$
$f(x)g(x)$	$f'(x)g(x)+f(x)g'(x)$	（積の微分公式）	

積分の公式

$f(x)$	$\int f(x)\mathrm{d}x$	$f(x)$	$\int f(x)\mathrm{d}x$
$x^a\ (a \neq -1)$	$\dfrac{1}{a+1}x^{a+1}$	$\dfrac{1}{x}$	$\ln|x|$
$\exp x$	$\exp x$	$\ln x$	$x\ln x - x$
$\sin x$	$-\cos x$	$\sinh x$	$\cosh x$
$\cos x$	$\sin x$	$\cosh x$	$\sinh x$
$f'(x)g(x)$	$f(x)g(x) - \int f(x)g'(x)\mathrm{d}x$	（部分積分法）	

べんりな付録

付録3　様々な座標でのナブラとラプラシアンの公式

ナブラ ∇ とラプラシアン ∇^2 の式は，円柱座標や球座標においてはかなりややこしくなるので，便利のために直角座標での式とともに公式として載せておく。s は位置に依存するスカラー量，$\boldsymbol{v}$ は位置に依存するベクトル量。

直角座標

$$\nabla s (=\operatorname{grad} s) = \boldsymbol{i}\frac{\partial s}{\partial x} + \boldsymbol{j}\frac{\partial s}{\partial y} + \boldsymbol{k}\frac{\partial s}{\partial z}$$

$$\nabla \cdot \boldsymbol{v} (=\operatorname{div} \boldsymbol{v}) = \frac{\partial v_x}{\partial x} + \frac{\partial v_y}{\partial y} + \frac{\partial v_z}{\partial z}$$

$$\nabla^2 s = \nabla \cdot (\nabla s) = \frac{\partial^2 s}{\partial x^2} + \frac{\partial^2 s}{\partial y^2} + \frac{\partial^2 s}{\partial z^2}$$

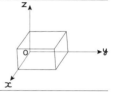

（$\boldsymbol{i}, \boldsymbol{j}, \boldsymbol{k}$ は，それぞれ x 方向，y 方向，z 方向の単位ベクトル）

円柱座標

$$\nabla s = \boldsymbol{e}_r\frac{\partial s}{\partial r} + \boldsymbol{e}_\theta\frac{1}{r}\frac{\partial s}{\partial \theta} + \boldsymbol{k}\frac{\partial s}{\partial z}$$

$$\nabla \cdot \boldsymbol{v} = \frac{1}{r}\frac{\partial (rv_r)}{\partial r} + \frac{1}{r}\frac{\partial v_\theta}{\partial \theta} + \frac{\partial v_z}{\partial z}$$

$$\nabla^2 s = \frac{1}{r}\frac{\partial \left(r\frac{\partial s}{\partial r}\right)}{\partial r} + \frac{1}{r^2}\frac{\partial^2 s}{\partial \theta^2} + \frac{\partial^2 s}{\partial z^2}$$

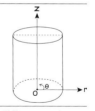

（$\boldsymbol{e}_r, \boldsymbol{e}_\theta, \boldsymbol{k}$ は，それぞれ r 方向，θ 方向，z 方向の単位ベクトル）

球座標

$$\nabla s = \boldsymbol{e}_r \frac{\partial s}{\partial r} + \boldsymbol{e}_\theta \frac{1}{r} \frac{\partial s}{\partial \theta} + \boldsymbol{e}_\phi \frac{1}{r \sin \theta} \frac{\partial s}{\partial \phi}$$

$$\nabla \cdot \boldsymbol{v} = \frac{1}{r^2} \frac{\partial (r^2 v_r)}{\partial r} + \frac{1}{r \sin \theta} \frac{\partial (v_\theta \sin \theta)}{\partial \theta} + \frac{1}{r \sin \theta} \frac{\partial v_\phi}{\partial \phi}$$

$$\nabla^2 s = \frac{1}{r^2} \frac{\partial \left(r^2 \frac{\partial s}{\partial r} \right)}{\partial r} + \frac{1}{r^2 \sin \theta} \frac{\partial \left(\sin \theta \frac{\partial s}{\partial \theta} \right)}{\partial \theta} + \frac{1}{r^2 \sin^2 \theta} \frac{\partial^2 s}{\partial \phi^2}$$

($\boldsymbol{e}_r, \boldsymbol{e}_\theta, \boldsymbol{e}_\phi$ は,それぞれ r 方向,θ 方向,ϕ 方向の単位ベクトル)

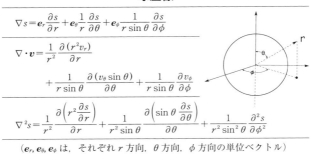

円柱座標や球座標でのナブラやラプラシアンの式は,本来ならとても複雑な形になる。本文中では見通しをよくするために,物理量は r 方向だけに依存するなどの適当な単純化を行っていたから,こうした複雑さには直面しないで済んだわけだ。高度(r に相当する)だけでなく,経度(ϕ に相当する)と緯度(θ に相当する)によっても物理量が異なってくる地球のような複雑な場では,上のようなややこしいナブラやラプラシアンの式とまともに格闘しないといけない。

付録 4　三角関数と双曲線関数

双曲線関数 cosh と sinh の定義はつぎの通り(163 ページ参照)。

$$\cosh x = \frac{e^x + e^{-x}}{2}, \quad \sinh x = \frac{e^x - e^{-x}}{2}$$

べんりな付録

双曲線関数の記号 cosh, sinh は三角関数の cos と sin に似ている。双曲線関数は三角関数に似た性質をたくさんもっているので，似た記号が使われている。その中でつぎの"加法定理"は代表的だ。

三角関数と双曲線関数の加法定理

$\cos(x+y) = \cos x \cos y - \sin x \sin y$	$\cosh(x+y) = \cosh x \cosh y + \sinh x \sinh y$
$\cos(x-y) = \cos x \cos y + \sin x \sin y$	$\cosh(x-y) = \cosh x \cosh y - \sinh x \sinh y$
$\sin(x+y) = \sin x \cos y + \cos x \sin y$	$\sinh(x+y) = \sinh x \cosh y + \cosh x \sinh y$
$\sin(x-y) = \sin x \cos y - \cos x \sin y$	$\sinh(x-y) = \sinh x \cosh y - \cosh x \sinh y$

184 ページで使った公式はこれを利用していたわけだ。これら加法定理から導かれる，有名な"積→和の公式""和→積の公式"をまとめておく。双曲線関数と三角関数がよく似ていることがわかる。

加法定理から導かれる三角関数の公式

$\sin x \cos y = \dfrac{1}{2}\{\sin(x+y) + \sin(x-y)\}$

$\cos x \sin y = \dfrac{1}{2}\{\sin(x+y) - \sin(x-y)\}$

$\cos x \cos y = \dfrac{1}{2}\{\cos(x+y) + \cos(x-y)\}$

$\sin x \sin y = -\dfrac{1}{2}\{\cos(x+y) - \cos(x-y)\}$

⎫ 積→和の公式

$\sin x + \sin y = 2 \sin \dfrac{x+y}{2} \cos \dfrac{x-y}{2}$

$\sin x - \sin y = 2 \cos \dfrac{x+y}{2} \sin \dfrac{x-y}{2}$

$\cos x + \cos y = 2 \cos \dfrac{x+y}{2} \cos \dfrac{x-y}{2}$

$\cos x - \cos y = -2 \sin \dfrac{x+y}{2} \sin \dfrac{x-y}{2}$

⎫ 和→積の公式

加法定理から導かれる双曲線関数の公式

$\sinh x \cosh y = \dfrac{1}{2}\{\sinh(x+y) + \sinh(x-y)\}$
$\cosh x \sinh y = \dfrac{1}{2}\{\sinh(x+y) - \sinh(x-y)\}$
$\cosh x \cosh y = \dfrac{1}{2}\{\cosh(x+y) + \cosh(x-y)\}$
$\sinh x \sinh y = \dfrac{1}{2}\{\cosh(x+y) - \cosh(x-y)\}$

⎫ 積→和の公式

$\sinh x + \sinh y = 2 \sinh \dfrac{x+y}{2} \cosh \dfrac{x-y}{2}$
$\sinh x - \sinh y = 2 \cosh \dfrac{x+y}{2} \sinh \dfrac{x-y}{2}$
$\cosh x + \cosh y = 2 \cosh \dfrac{x+y}{2} \cosh \dfrac{x-y}{2}$
$\cosh x - \cosh y = 2 \sinh \dfrac{x+y}{2} \sinh \dfrac{x-y}{2}$

⎫ 和→積の公式

べんりな付録

付録5　ラプラス変換の基本

基本的な関数のラプラス変換（ラプラス・セブン）

	オモテ	⊃	ウラ
(1)	$f(t)$		$F(s)$
(2)	定数 a		$\dfrac{a}{s}$
(3)	$\cosh at$		$\dfrac{s}{s^2-a^2}$
(4)	$\sinh at$		$\dfrac{a}{s^2-a^2}$
(5)	$\dfrac{\partial f(t)}{\partial t}$		$sF(s)-f(0)$
(6)	$\dfrac{\partial^2 f(t)}{\partial t^2}$		$s^2F(s)-sf(0)-f'(0)$
(7)	$1-\mathrm{erf}\left(\dfrac{a}{\sqrt{4t}}\right)$		$\dfrac{1}{s}\exp(-a\sqrt{s})$

ラプラス・セブンの逆変換

	ウラ	⊂	オモテ
(1)	$F(s)$		$f(t)$
(2)	$\dfrac{a}{s}$		定数 a
(3)	$\dfrac{s}{s^2-a^2}$		$\cosh at$
(4)	$\dfrac{a}{s^2-a^2}$		$\sinh at$
(7)	$\dfrac{1}{s}\exp(-a\sqrt{s})$		$1-\mathrm{erf}\left(\dfrac{a}{\sqrt{4t}}\right)$

※　(5)と(6)は使うことがないので省略

付録6 少し高度な関数のラプラス変換表

本文中で扱わなかったラプラス変換を一覧表として挙げておこう。いろいろな偏微分方程式をラプラス変換法で解くときには，詳しいラプラス変換表が手元にあるとたいへん便利だからだ。ここで a, b は定数とする。

ラプラス変換の共通法則

オモテ	⊃	ウラ
$af(t)$ （オモテ関数の定数倍）		$aF(s)$
$f_1(t)+f_2(t)$ （オモテ関数の和）		$F_1(s)+F_2(s)$
$f(at)$ （変数が定数倍，$a>0$）		$\dfrac{1}{a}F\left(\dfrac{s}{a}\right)$
$f(t+a)$ （変数が定数を加えられた形）		$F(s)\exp as$
$f(t)\exp at$ （オモテ関数の e^{at} 倍）		$F(s-a)$
$tf(t)$ （オモテ関数の t 倍）		$-F'(s)$
$t^n f(t)$ （オモテ関数の t^n 倍）		$(-1)^n F^{(n)}(s)$

t^n が関係するタイプのラプラス変換

オモテ	⊃	ウラ
t		$\dfrac{1}{s^2}$
$t^n \quad (n>-1)$		$n!\dfrac{1}{s^{n+1}}$
$\sqrt{t}$		$\dfrac{\sqrt{\pi}}{2}\dfrac{1}{s\sqrt{s}}$
$\dfrac{1}{\sqrt{t}}$		$\sqrt{\pi}\dfrac{1}{\sqrt{s}}$

cosh, sinh が関係するタイプのラプラス変換

オモテ	⊃	ウラ
$t \cosh at$		$\dfrac{1}{2}\left\{\dfrac{1}{(s-a)^2}+\dfrac{1}{(s+a)^2}\right\}$
$t \sinh at$		$\dfrac{1}{2}\left\{\dfrac{1}{(s-a)^2}-\dfrac{1}{(s+a)^2}\right\}$
$\cosh^2 at$		$\dfrac{s^2-2a^2}{s(s^2-4a^2)}$
$\sinh^2 at$		$\dfrac{2a^2}{s(s^2-4a^2)}$
$\cosh at \exp bt$		$\dfrac{s+b}{(s-b)^2-a^2}$
$\sinh at \exp bt$		$\dfrac{a}{(s-b)^2-a^2}$

cos, sin が関係するタイプのラプラス変換

オモテ	⊃	ウラ
$\cos at$		$\dfrac{s}{s^2+a^2}$
$\sin at$		$\dfrac{a}{s^2+a^2}$
$t \cos at$		$\dfrac{s^2-a^2}{(s^2+a^2)^2}$
$t \sin at$		$\dfrac{2as}{(s^2+a^2)^2}$
$\cos^2 at$		$\dfrac{s^2+2a^2}{s(s^2+4a^2)}$
$\sin^2 at$		$\dfrac{2a^2}{s(s^2+4a^2)}$
$\cos at \exp bt$		$\dfrac{s-b}{(s-b)^2+a^2}$
$\sin at \exp bt$		$\dfrac{a}{(s-b)^2+a^2}$

べんりな付録

exp が関係するタイプのラプラス変換

オモテ	⊃	ウラ
$\exp at$		$\dfrac{1}{s-a}$
$t^n \exp at$		$\dfrac{n!}{(s-a)^{n+1}}$
$\exp(-at^2) \quad (a>0)$		$\dfrac{1}{2}\sqrt{\dfrac{\pi}{a}} \exp\left(\dfrac{s^2}{4a}\right) \operatorname{erfc}\left(\dfrac{s}{2\sqrt{a}}\right)$
$\dfrac{1}{\sqrt{t}} \exp\left(-\dfrac{a}{t}\right) \quad (a>0)$		$\sqrt{\pi}\dfrac{1}{\sqrt{s}} \exp(-2\sqrt{as})$

erf が関係するタイプのラプラス変換

オモテ	⊃	ウラ
$\operatorname{erf} at$		$\dfrac{1}{s} \exp\left(\dfrac{s^2}{4a}\right) \operatorname{erfc}\left(\dfrac{s}{2a}\right)$
$\operatorname{erf} \sqrt{at}$		$\sqrt{a}\dfrac{1}{s\sqrt{s+a}}$
$\operatorname{erf} \sqrt{at} \exp bt$		$\sqrt{a}\dfrac{1}{(s-b)\sqrt{s+a-b}}$

べんりな付録

付録7　ラプラス逆変換表

ラプラス逆変換は，ラプラス変換の表を逆向きに使えば基本的には事足りる。しかし，逆変換をしやすい形を表にまとめておくほうが計算に便利なので，一覧表としていくつか挙げておこう。

ウラ	$\subset$	オモテ
$\dfrac{1}{s}$		1
$\dfrac{1}{s^2}$		t
$\dfrac{1}{s^n}$　$(n>1)$		$\dfrac{t^{n-1}}{(n-1)!}$
$\dfrac{1}{s-a}$		$\exp at$
$\dfrac{1}{(s-a)^n}$		$\dfrac{t^{n-1}\exp at}{(n-1)!}$
$\dfrac{1}{s^2+a^2}$		$\dfrac{1}{a}\sin at$
$\dfrac{s}{s^2+a^2}$		$\cos at$
$\dfrac{1}{s^2-a^2}$		$\dfrac{1}{a}\sinh at$
$\dfrac{s}{s^2-a^2}$		$\cosh at$
$\dfrac{1}{(s+a)^2+b^2}$		$\dfrac{1}{b}\exp(-at)\sin bt$
$\dfrac{s}{(s+a)^2+b^2}$		$\exp(-at)\left(\cos bt-\dfrac{a}{b}\sin bt\right)$
$\dfrac{1}{(s+a)^2-b^2}$		$\dfrac{1}{b}\exp(-at)\sinh bt$
$\dfrac{s}{(s+a)^2-b^2}$		$\exp(-at)\left(\cosh bt-\dfrac{a}{b}\sinh bt\right)$

参考書の紹介

偏微分方程式の解のグラフが載っている本として,不朽の名著がある。

1) H. S. Carslaw and J. C. Jaeger, *Conduction of Heat in Solids*, Oxford University Press (1959).

マヘモのアナロジーをきれいに描いた本として,不朽の名著がある。

2) R. B. Bird, W. E. Stewart, E. N. Lightfoot, *Transport Phenomena*, John Wiley & Sons (1960).

これを日本語でずっとわかりやすく描いた本として,普及の迷著がある。

3) 斎藤恭一(著),吉田剛(絵)『道具としての微分方程式』
(講談社 ブルーバックス/ 1994 年)

ラプラス変換をていねいに説明した本として,つぎの本がある。

4) 門田松亀『入門演算子法』(オーム社/ 1971 年)

物性定数(熱拡散係数)の載っている本として,つぎの本がある。

5) 日本化学会(編)『改訂 5 版 化学便覧 基礎編』
(丸善/ 2004 年)

6) 化学工学会(編)『改訂 6 版 化学工学便覧』(丸善/ 1999 年)

7) 北山直方(著),西川兼康(監修)『図解 伝熱工学の学び方』
(オーム社/ 1982 年)

あとがき

　第4章のラプラス変換の複雑な公式や第5章のグラフや物性定数を除いて，残りは何も参考にすることなく書きました。私の頭に入っている偏微分方程式にまつわる事柄をていねいに省略することなく書いてこそ，読者のみなさんに真に理解していただけると考えたからです。

　だからといって，読者のみなさんに，なるほど，なるほどと読み進んでいただけるとはかぎりません。私とみなさんとでは，年齢も，体験も，そして偏微分方程式に対する動機も違うからです。数学は積み上げの科目です。習得すべき道具の学問だと思います。鉛筆とノートを持って偏微分方程式をつくり，変形し，解までしっかりと追跡してほしいと思います。

　私が勝手にホットな思いを込めて書いた内容に対して，読者のみなさんが，つぎの10項目についてクールに語ることができたのなら，この本を十分に理解してくださったことになります。

1. 場と座標
2. スカラー／ベクトル／テンソル
3. 勾配／発散
4. 流束（ドヤドヤとジワジワ）

寝ころがってこの本を読むと眠くなります

ていねいにこの本を写していくと楽しくなります

5 入溜消出
6 偏微分／常微分
7 無次元化
8 アナロジー
9 モデリング
10 物性定数

　この本の総まとめを見開きのイラストにしました。題して"なっとくする偏微分方程式ワールド"。イラストレーター武曽宏幸さんの傑作です。

　偏微分方程式は，まったく変でも偏でもなく，現実を表現できる便利な道具なんだということを，私は言いたかったのです。さらに，現象を決めるキーとなっている要因を選び出して，偏微分方程式を単純化していくことが，大切な作業なのです。本書を読んでこういうことを感じ取っていただけたのであれば，私としてはうれしいかぎりです。

斎藤　恭一

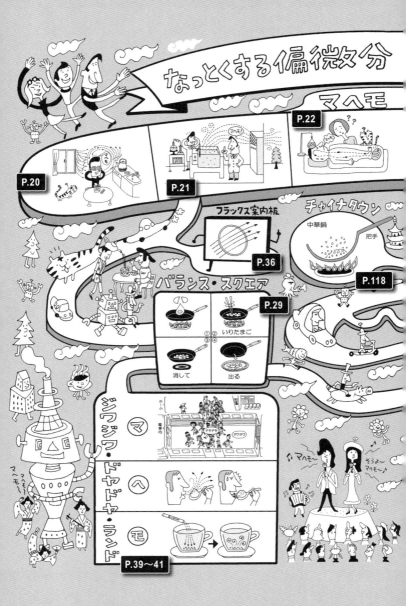

さくいん

アナロジー 98
入溜消出（入りたまご消して出る） 28, 29
ウラの世界 159
運動量拡散係数 83
運動量流束 37
円柱座標 29
オモテの世界 159
温度勾配 50

解析解法 156
化学反応速度 124
拡散係数 57
球座標 18, 31
境界条件 84
境膜 50
原空間 158
検査面 33
勾配 50
誤差関数 163

時空 18
質量流束 37
収支 24
重積分 221
常微分 35, 84
常微分方程式 14
初期条件 84
ジワジワ流束 42
数値解法 156
数値シミュレーション 157
スカラー 43
遷移状態 28
線積分 222
双曲型（双曲線型） 110, 146
双曲線関数 163
像空間 158

体積積分 221
楕円型 110, 146

楕円型偏微分方程式　138
単位ベクトル　43
直角座標　29
定圧比熱　44
定常状態　28, 138
テンソル　60
動粘度　83
ドヤドヤ流束　42

内積　127
ナブラ　55, 127, 129
2階の偏微分　75
ニュートンの法則　54
ニュートンの冷却則　118
熱拡散係数　83
熱伝達係数　118
熱伝導度　57
熱流束　37
粘度　57
濃度勾配　51, 52

場　13, 14, 19

ハイパーボリックコサイン　163
ハイパーボリックサイン　163
発散　130
バランス　24
半減期　203
微小体積　33
非定常状態　28
微分をコンシャス（ビブコン）　72, 73
フィックの法則　54
フーリエの法則　54
物性定数　57
部分積分法　166, 234
ベクトル　43
偏微分方程式　14, 22
放物型（放物線型）　83, 146

マヘモ　18
無次元温度　95
無次元化　92
無次元距離　93
無次元時間　94

無次元速度　96
無次元濃度　93
面積積分　222
モデリング　68

や・ら

余誤差関数　202
ラウンド　23, 34
ラプラシアン　129
ラプラス逆変換　162
ラプラス変換　159
流束　36

記号・欧文

∂（ラウンド）　23, 34
・（内積）　127
∇（ナブラ）　55, 127, 129
∇^2（ラプラシアン）　129
analogy　98
analytical method　156
balance　24
boundary condition　84
complementary error function　202
cylindrical coordinates　29
diffusivity　57
divergence　131
elliptic　110, 146
error function　163
Fick's law　54
film　50
flux　36
Fourier's law　54
grad　55
half-life period　203
heat flux　37
heat-transfer coefficient　118
hyperbolic　111, 146
hyperbolic function　163
initial condition　84
inner product　127
inverse Laplace transform　162
kinetic viscosity　83
Laplace inversion　162
Laplace transform　159
Laplacian　129
line integral　222

さくいん

mahemo 18
mass flux 37
modeling 68
momentum diffusivity 83
momentum flux 37
nabla 55, 127
Newton's law 54
numerical method 156
parabolic 83, 146
physical properties 57
rectangular coordinates 29
scalar 43
second order 75
simulation 157
spherical coordinates 31
steady 28
steady state 138
surface integral 222
temperature gradient 50
tensor 60
thermal conductivity 57
thermal diffusivity 83
transient 28
unit vector 43

unsteady 28
vector 43
viscosity 57
volume integral 221

N.D.C.413.63　　253p　　18cm

ブルーバックス　B-2118

道具としての微分方程式 偏微分編
式をつくり、解いて、「使える」ようになる

2019年11月20日　第1刷発行
2023年4月12日　第4刷発行

著者	斎藤恭一
発行者	鈴木章一
発行所	株式会社講談社
	〒112-8001 東京都文京区音羽2-12-21
電話	出版　03-5395-3524
	販売　03-5395-4415
	業務　03-5395-3615
印刷所	(本文印刷) 株式会社精興社
	(カバー表紙印刷) 信毎書籍印刷株式会社
製本所	株式会社国宝社

定価はカバーに表示してあります。
©斎藤恭一　2019, Printed in Japan
落丁本・乱丁本は購入書店名を明記のうえ、小社業務宛にお送りください。
送料小社負担にてお取替えします。なお、この本についてのお問い合わせは、ブルーバックス宛にお願いいたします。
本書のコピー、スキャン、デジタル化等の無断複製は著作権法上での例外を除き禁じられています。本書を代行業者等の第三者に依頼してスキャンやデジタル化することはたとえ個人や家庭内の利用でも著作権法違反です。
®〈日本複製権センター委託出版物〉複写を希望される場合は、日本複製権センター（電話03-6809-1281）にご連絡ください。

ISBN978-4-06-517902-4

発刊のことば

科学をあなたのポケットに

　二十世紀最大の特色は、それが科学時代であるということです。科学は日に日に進歩を続け、止まるところを知りません。ひと昔前の夢物語もどんどん現実化しており、今やわれわれの生活のすべてが、科学によってゆり動かされているといっても過言ではないでしょう。

　そのような背景を考えれば、学者や学生はもちろん、産業人も、セールスマンも、ジャーナリストも、家庭の主婦も、みんなが科学を知らなければ、時代の流れに逆らうことになるでしょう。ブルーバックス発刊の意義と必然性はそこにあります。このシリーズは、読む人に科学的に物を考える習慣と、科学的に物を見る目を養っていただくことを最大の目標にしています。そのためには単に原理や法則の解説に終始するのではなくて、政治や経済など、社会科学や人文科学にも関連させて、広い視野から問題を追究していきます。科学はむずかしいという先入観を改める表現と構成、それも類書にないブルーバックスの特色であると信じます。

一九六三年九月

野間省一